第1次阳台种菜就成功

张德纯　张蘅 / 著

北京科学技术出版社

图书在版编目（CIP）数据

第 1 次阳台种菜就成功 / 张德纯，张蘅著。- 北京：北京科学技术出版社，2013.5

ISBN 978-7-5304-6601-8

Ⅰ．①第… Ⅱ．①张… ②张… Ⅲ．①蔬菜园艺
Ⅳ．① S63

中国版本图书馆 CIP 数据核字（2013）第 055530 号

第 1 次阳台种菜就成功

作　　者：张德纯　张　蘅
策划编辑：王　婧
责任编辑：罗　浩
责任校对：黄立辉
责任印制：张　良
图文制作：樊润琴
出 版 人：张敬德
出版发行：北京科学技术出版社
社　　址：北京西直门南大街 16 号
邮政编码：100035
电话传真：0086-10-66161951（总编室）
　　　　　0086-10-66113227（发行部）　0086-10-66161952（发行部传真）
电子信箱：bjkjpress@163.com
网　　址：www.bkjpress.com
经　　销：新华书店
印　　刷：保定华升印刷有限公司
开　　本：720mm×1000mm　1/16
字　　数：160 千
印　　张：9.75
版　　次：2013 年 5 月第 1 版
印　　次：2013 年 5 月第 1 次印刷
ISBN 978-7-5304-6601-8/S·205

定　　价：32.00 元

作者寄语

中国人有句俗话:“三天不吃青，两眼冒火星”，可见蔬菜是人们每日不可缺少的食品，但都市人未必知道蔬菜是怎样种出来的，更没有亲手种过菜。不是不想亲手种菜，而是没有条件。在高楼大厦的围困中，上哪里去找自己的“一亩三分地”呢?面对冰冷的钢筋、水泥建筑，谁不向往回归田园般的生活，谁不渴望周边多一点绿色?

“一亩三分地”的想法似乎有些奢侈，但居住在楼房中的都市人，家家都有自己的阳台，聪明的都市人终于找到了自己种菜的小天地。在阳台上，中老年人有了自家的“小菜园”，年轻人也不必从网上“偷菜”了。阳台种菜已经在都市市民生活中悄然兴起，并已成为都市新时尚。阳台种菜是追求生活乐趣、提倡健康生活的一种新方式，是“小植物、大健康”，将植物种植与养生结合起来的新理念。阳台种菜不仅局限于自种自食，更是一种休闲、一种娱乐;丰富了知识，也陶冶了情趣。每天看着自己种的菜长高、变大，收获的不仅是丰硕的果实，更是一份不可言喻的喜悦。

本书从零起点开始，通过作者不断的实践与讲述，教会您在阳台上种出近60种新鲜的有机蔬菜，可将一个种菜的门外汉，培养成为一个具有一定种菜经验的农艺师。考虑到不同操作者的情况，尽量做到操作步骤简易化，使用工具简单化，使读者一看就会，一上手就成功。

种好菜的最终目的是吃好菜，在让您掌握科学栽种方法的同时，每种菜后还介绍了蔬菜的营养知识及简便而营养的蔬菜食用方法。《阳台种菜超简单》是您阳台种菜的贴身顾问，有了这本书，马上就可以开始操作了。

您准备好了吗?

目录

PART 1 打造漂亮的阳台菜园

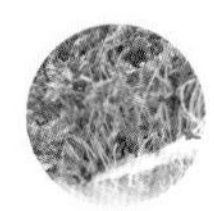

PART 2 一张纸上种蔬菜
芽苗类蔬菜

PART 3 美丽的水培精灵
芽类蔬菜

PART 4 生命之叶常青
绿叶类蔬菜

PART 5 人气旺旺的养生药草
芳香类蔬菜

PART 6 好吃好玩的果实乐园
瓜果类蔬菜

PART 7 自然界里的青春奥秘
活力健体蔬菜

PART 1
打造漂亮的阳台菜园

阳台种菜既是劳动，又是休息；丰富了知识，也陶冶了感情，是活在当下的都市人的一种生活方式与休闲选择……

从“百草园”想起的……

记得上中学的时候，读过鲁迅先生的《从百草园到三味书屋》，优美的文笔，童年的情趣，给我留下了深刻的印象。先生写道：“……何首乌藤和木莲藤缠绕着，木莲有莲房一般的果实，何首乌有臃肿的根。有人说，何首乌根是有像人形的，吃了便可以成仙，我于是常常把它拔起来，牵连不断地拔起来，也曾因此弄坏了泥墙，却从来没有见过有一块根像人样。如果不怕刺，还可以摘到覆盆子，像小珊瑚珠攒成的小球，又酸又甜，色味都比桑葚要好得远。”

拥有一个鲁迅先生笔下的“百草园”，在高楼林立的城市绝无可能。但拥有一小块属于自己的绿色天地，还是可以被满足的——阳台便为我们提供了一个绝妙的空间，只要愿意，就可以在阳台营造自己的小菜园。您若有兴趣的话，就从阳台开始吧。

灰色的阳台

2 谁家的阳台都可以

感谢建筑设计师，在钢筋水泥的“堡垒”中，为我们留下了一个通透的空间。一般的阳台都不大，小的三、四平方米，大的七、八平方米，但在寸土寸金的大都市，这点面积也弥足珍贵了。北方的阳台为了冬季保暖，大多进行了封闭装修，这为在阳台打造小菜园创造了条件。如果能将暖气通到阳台，那么在三九天也不用为温度操心。而且建筑师仿佛知道大家一定要在阳台种些什么似的，阳台地面一般都做有防水，这就免除了向楼下阳台滴水的麻烦。

也许是房间面积还不够大，但更多是旧的生活习惯使然，很多人家的阳台上堆满了生活中用不着的东西。为了打造一个漂亮的阳台小菜园，请将那些用不着的“古董”搬搬家，或者干脆处理掉。您说对不？

营造一个绿色的阳台小菜园，谁家的阳台都可以！

绿色的植物

省钱的乐趣

在阳台种蔬菜，用不着太多的器械，但简单的工具还是要有的。众多的园艺商店，已为我们准备了各种精美的园艺器械，购买十分方便。

购物是一种乐趣，省钱也是一种乐趣。日常生活中有许多包装废弃物，如塑料盆、塑料盒、可乐瓶、油桶、PVC塑料管、废旧木箱等，都可以改装后用来种菜。废物利用、低碳环保，不花钱也办事。

在塑料瓶盖上扎几个小孔，就是一个简易喷壶。塑料盆、塑料盒、油桶、PVC 塑料管、废旧木箱均可以改为栽培容器。

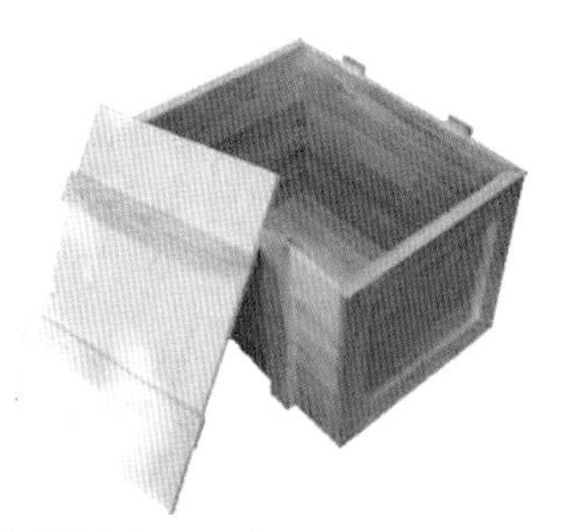

废旧的木箱是很理想的栽培容器

用可乐瓶改装的栽培容器

活在当下 乐在其中

禅宗认为，吃饭就是吃饭，睡觉就是睡觉，活在当下最为重要 。活着的人，有活在过去的，有活在未来的，而真正活在当下的，少！我们为工作而奔忙，繁忙的工作，使我们忘记了春、夏、秋、冬；生活的压力，使我们少了风、花、雪、月。我们为污染而忧伤，那些被化肥、激素催大的瓜果，那些施有剧毒农药的蔬菜，使我们望而却步。

渴望活在当下的人们，终于发现了一小块乐土。在阳台上开辟一小块菜园，使紧张的心情得以松弛，使疲劳的眼睛见到了绿色。这是一个多么奇妙的想法，多么奇妙的举措。活在当下，乐在其中——在阳台种菜不仅局限于自种自食，更是一种休闲和娱乐。

5 从门外汉到园艺师 & Greenhouse

在阳台上打造一片绿色天地，是一个美好的愿望。实现这一愿望，则需要一定的知识。从门外汉到园艺师需要一个过程，这个过程有多长，取决于对园艺知识的学习掌握的程度。让我们从零开始，向园艺师进发。

Greenhouse 的英文原意是“绿房子”，译成中文是“日光温室”。现代园艺生产多采用玻璃日光温室，玻璃日光温室可对温度、湿度、光照进行调控，为植物生长创造最适合的生长条件。在荷兰，玻璃日光温室栽培番茄产量为 70 千克 / 平方米。如果阳台面积在 5 平方米，理论上可收获 350 千克番茄，足够一家人消费。

小型的 Greenhouse

大型玻璃日光温室

在一些国家，园艺爱好者都拥有小型的 Greenhouse，栽培自己喜爱的园艺植物。阳台就是一个标准的 Greenhouse，只要保证温度条件，就可以一年四季进行栽培。

阳台可以种哪些蔬菜?

我们日常食用的蔬菜分为15大类，大约有250多种，日常食用的有50多种。理论上阳台上可以种植任何种类蔬菜，但以生长时间短、植株矮小、不易生病的蔬菜更为适合。如芽苗类蔬菜、绿叶类蔬菜、葱蒜类蔬菜等。

种类	主要蔬菜
芽苗类蔬菜	黑豆芽、绿豆芽、萝卜芽、香椿芽、荞麦芽、苜蓿芽
绿叶类蔬菜	菠菜、芹菜、茼蒿、苋菜、油麦菜、叶甜菜
白菜类蔬菜	白菜、乌塌菜、菜心
甘蓝类蔬菜	花椰菜、青花菜
芥菜类蔬菜	大葱、蒜黄、韭菜、细香葱
葱蒜类蔬菜	大葱、蒜黄、韭菜、细香葱

种类	主要蔬菜
野生蔬菜	马齿苋、车前草、马兰头
茄果类蔬菜	番茄、茄子、辣椒
根类蔬菜	萝卜、胡萝卜、根甜菜
瓜类蔬菜	黄瓜、丝瓜、苦瓜
豆类蔬菜	菜豆、蚕豆、豌豆
芳香类蔬菜	薄荷、紫苏、莳萝、藿香
薯蓣类蔬菜	姜芽
多年生蔬菜	枸杞、黄花菜

蔬菜生长需要的条件

要想在阳台上种好蔬菜，必须满足蔬菜生长的条件。蔬菜生长所需的条件有：光照、温度、水分、养料等。

选择北面的阳台，可以得到充足的阳光。南面阳台光线较弱，可以种植喜阴的蔬菜。封闭的阳台，夏天可以通过开启窗户、遮阴来降低温度。冬天，如果阳台通有暖气，温度不成问题。没有暖气的阳台，可以用电暖气加温。水可以用自来水，另外洗菜水和淘米水也是很好的来源。养料可以从园艺商店购买，如商品化的膨化鸡粪，发酵后的麻渣等，清洁、无异味，是一种很好的选择。也可以用陈旧的豆子自制肥料，效果也不错。

清洁、无异味的膨化鸡粪

经过发酵的麻渣有机肥

蔬菜必须种在土里吗?

除了水生蔬菜外，大多的蔬菜是种在土里的。阳台和居室连在一起，清洁十分重要。阳台蔬菜一般采用无土栽培，常见的无土栽培有基质栽培、水培、岩棉栽培等。采用无土栽培，蔬菜不用种在土壤里，而是种在基质、岩棉中，乃至直接种在水中。阳台上最方便、最好掌握的无土栽培是基质栽培，一些芽苗类蔬菜甚至可以不用基质，更为简便。

无土栽培——水培

无土栽培——基质栽培

如何配置基质

基质就是人造土，可以在园艺商店买到，也可以自己配置。配置基质的常用原料有:草炭、粗河沙（水洗）、炉渣（粉碎、水洗）、锯末（不要松木的）、粉碎的稻草等。配置的比例可根据需要而定，如 3 份草炭 + 2 份水洗粗河沙，或 2 份粉碎的稻草 + 1 份锯末 + 2 份炉渣。原则是固定植株根部、给根须营造一个湿润、通透的生长环境。

用草炭、河沙配置好的基质

草炭是由沼泽植物的残体，经过亿万年高压堆积而成。含有大量的有机物质，是配置基质的良好材料

10 立体栽培

阳台面积有限，为了更好地利用空间，多采用立体栽培。立体栽培需要有立体栽培架。可以用角钢、木材制作。架子的大小根据阳台的面积而定，层数以3～5层为宜。废旧的杂物架、书架、鞋架等都是立体栽培架的优选代用品。

用角钢制作的立体栽培架

用杂物架替代的立体栽培架

11 种植有机蔬菜

有机蔬菜是在生产中完全不使用农药、化肥、生长调节剂等化学物质的蔬菜。自己种菜自己吃，当然要达到百分之百的有机。在阳台上采用无土栽培，使用的是膨化鸡粪或自制的大豆有机肥。保持良好的生长环境，避免病虫害发生。即使有了病虫害，也可以采用摘除病叶、抓走害虫等物理方法，整个过程绝对不使用农药，这才是真正的、令人放心的有机蔬菜。

有机食品标识

有机食品是安全、环保、健康的食品

PART 2

一张纸上种蔬菜

芽苗类蔬菜

芽苗类蔬菜是指利用植物种子或其他营养贮存器官，在黑暗或光照条件下直接生长出可供食用的嫩芽、芽苗或幼茎。

芽苗类蔬菜的生长时间短，一般为 8 ~ 12 天；操作简单，易于掌握；生产器械只需要平底容器和洁净的纸张即可。因此被我们亲切地称为“一张纸上种蔬菜”。

豌豆苗

科属：豆科豌豆属

难易指数：★☆☆☆☆

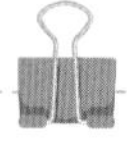

植物小故事

中国人食用豌豆苗的历史可以追溯到魏晋时期，世界上最早的农业书籍《齐民要术》中已有用豌豆苗做菜的记载。20 世纪 50 年代初，周恩来总理宴请民主人士的菜谱中，就有“豌豆苗炒冬笋”。

栽培要点：

1. 用于生产豌豆苗的豌豆品种很多，以品质柔嫩，大粒光滑的品种为好。豌豆种子在农贸市场和种子商店都可以买到。播种前需清洗，剔去虫蛀、破残的种子。但陈年种子不能用于发芽。

2. 发芽工具以买来的专用塑料芽苗盘为宜，也可用平底盘代替。

3. 将塑料芽苗盘洗净，在盘底铺 1 ~ 2 层洁净的草纸或白报纸，用水将纸床浸湿。

4. 将豌豆种子浸泡 24 小时，然后均匀地撒在纸床上。每天给种子喷一次水，温度应保持在白天 20 ~ 25℃，夜晚 8 ~ 18℃。

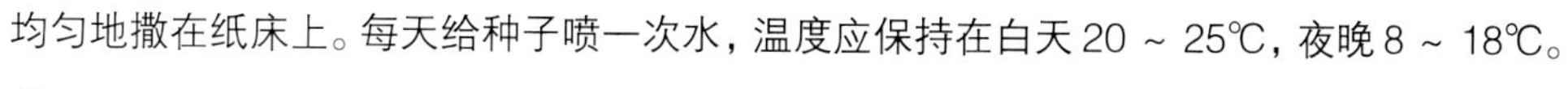

5. 12 ~ 15 天即可长成 15 厘米左右的豌豆苗。一般以此时采收为宜。

6. 采收下的豌豆苗茎近四方型，中空，叶绿色，叶面略有蜡粉。

营养知识：

豌豆苗含有较丰富的水溶性纤维与非水溶性纤维。水溶性纤维可减缓消化速度，最快地排泄胆固醇，因此可使血液中的血糖和胆固醇控制在最理想的状态；非水溶性纤维可降低罹患肠癌的风险，同时可经由吸收食物中的有毒物质预防便秘和憩室炎，并且减低消化道中排出的毒素。

健康吃

用豌豆苗做菜，一般以从上端往下不超过 8 厘米切割为好。《植物名实考长编》记载“豌豆苗做菜极美”，美就美在它清淡不腻，极为爽口，并有一股清香味，无论是素炒、荤做还是入汤，都别具一格。

素炒豌豆苗

蚕豆苗

科属：豆科野豌豆属

难易指数：★☆☆☆☆

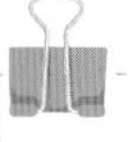

植物小故事

蚕豆芽（苗）有两种，一种是短芽，一种是蚕豆苗。旧时北京胡同中，小贩将蚕豆发短芽，加五香调料煮熟叫卖，俗称“五香面胡豆”。蚕豆苗食用的部分是幼嫩的芽苗，明代王象晋编辑的《群芳谱》载有：“蚕豆冬生嫩苗，茎方而肥，中空，可食。”

老北京传统下酒菜
“五香面胡豆”

栽培要点：

1. 蚕豆种子选用生长速度快、品质柔嫩的小粒种子为好，在农贸市场很容易买到。

2. 特别需要注意的是，鲜蚕豆与陈年种子不能用来生产蚕豆苗。播种前需清选，剔去虫蛀、破残的种子。

3. 用水将蚕豆种子浸泡 24 小时后将水倒掉，盖上湿毛巾催芽。每天将蚕豆淘洗一下，3 天后即发出短芽。

4. 将发芽的蚕豆撒在铺有 1 ~ 2 层白报纸的盘子上。每天喷 1 ~ 2 次水，保持纸和蚕豆的湿度。

5. 12 ~ 15 天即长成 10 ~ 15 厘米肥硕鲜嫩的蚕豆豆苗。

6. 待芽苗粗壮，颜色变碧绿可进行采收。

营养知识：

蚕豆含有丰富的植物贮藏蛋白，经过发芽，植物贮藏蛋白变成了活化蛋白，更有利于人体吸收。

健康吃

阳台上长出的蚕豆苗，可凉拌、做馅和素炒。就连割下芽苗后的蚕豆粒也还可以炒着吃，或加五香调料煮着吃。

清炒蚕豆苗

萝卜苗

科属：十字花科萝卜属

难易指数：★☆☆☆☆

植物小故事

萝卜苗是利用萝卜种子内贮藏的营养培育而成的萝卜幼苗，又叫“娃娃萝卜菜”、“贝壳芽菜”。

日本人喜食萝卜苗，将它作为吃生鱼片时必备的调味食品。日本在1970年后开始进行萝卜苗商品化生产的研究，20世纪80年代已利用现代无土栽培技术，在先进的塑料温室等园艺设施中进行萝卜苗的大规模商业化生产。

栽培要点：

1. 萝卜种子在种子商店可以买到。生产萝卜苗的种子以籽粒肥大、色泽鲜亮、品质柔嫩者为好。

2. 可选用平底的瓷盘、塑料盘等容器，在底部铺一张洁净的纸，用水将纸喷湿。

3. 均匀撒播种子，并将种子喷湿。种子量以布满纸面为度。

4. 在盘子上盖湿毛巾，每天喷 1 ~ 2 次水，保持纸不干。

5. 温度保持在 18 ~ 25℃，3 天后种子长出嫩芽，拿走湿毛巾让嫩芽见光。7 ~ 10 天即可生成鲜嫩的萝卜芽。苗高 6 ~ 10 厘米，子叶平展、充分肥大时即可收获。

6. 红萝卜的种子生成的萝卜芽苗，下胚轴为淡红色；白萝卜的种子生成的萝卜芽苗，下胚轴为青白色或淡绿色。

营养知识：

萝卜芽苗含有大量的淀粉分解酶，可以消食除胀、降气化痰；还可以将色氨酸在高温下产生的强致癌物分解成无害物质。

健康吃

萝卜芽苗可凉拌、可做汤、也可作炸酱面的面码。另如鸡汁萝卜苗、蛋皮萝卜芽卷的制作也很简单。制作蛋皮萝卜芽卷可将鸡蛋打匀，制成蛋皮，萝卜芽洗干净，根朝里，叶朝外码齐，用蛋皮将萝卜芽卷起来，萝卜芽的叶子露在外面，吃时可将露在外面的叶部沾上各种调料。

凉拌萝卜苗

香椿芽苗

科属：楝科香椿属

难易指数：★★★☆☆

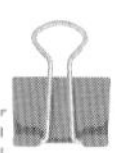

植物小故事

香椿在中国已有2500多年的栽培历史。香椿芽有两种：一种是从香椿树上采摘的树芽，民间有“杜鹃啼血椿芽红”的诗句，表明采摘椿芽的最佳时间是每年清明节前后；另一种是用香椿种子生成的种芽香椿，称之为香椿芽苗。1992年，中国农业科学院蔬菜花卉研究所首创了香椿芽苗生产技术。

栽培要点：

1. 5年树龄以上的香椿树，如果每年不采香椿芽，就可以结籽。种子倒挂呈葡萄状。

2. 成熟的香椿种籽外壳开裂，里面的种子为偏三角形。香椿种子在常温下不宜保存，尤其经历炎夏高温后迅速失去发芽率。因此，一定要购买低温保存的种子，买回后装瓶放在冰箱中保存。

3. 将种子用清水浸泡 24 小时。倒掉水，沥干种子，放在塑料盘子中，盖上湿毛巾。

4. 每天喷一次水，保持种子表皮湿润，三天后种子即可发芽。

5. 在平底容器底部铺 2 ~ 3 层洁净的白纸，将发芽的香椿种子均匀地撒在纸上。每天喷 1 ~ 2 次水，温度保持在 18 ~ 25℃。

6. 3 ~ 4 天后，香椿种子发出的小芽长到 2 ~ 3 厘米高。

7. 采用纸床生产香椿芽，不好控制水分，初学者可采用珍珠岩替代纸床的方法，难易指数将由★★★降为★。珍珠岩是一种吸水力很强的基质，可在建材商店买到。

8. 珍珠岩用水浸湿，平铺在容器内。将发芽的香椿种子均匀地撒上。珍珠岩吸水力很强，可保持较长时间的水分供给。

9. 播种 7 ~ 8 天，香椿芽苗已经直立，长满了容器底部。

10. 接下来需要较强的光照，至 10 ~ 12 天，强光照下的幼苗子叶开展，颜色转绿，生长速度加快。

11. 播种 15 天后，芽苗呈浓绿色，苗高 7 ~ 10 厘米，子叶平展，充分肥大，心叶尚未伸出，即达到采收标准。

营养知识：

香椿含有丰富的维生素 C、胡萝卜素等物质，有助于增强机体免疫功能，并有很好的润滑肌肤的作用，是保健美容的良好食品。

健康吃

香椿芽苗拌豆腐：将香椿芽苗，豆腐，鸡汤、香油、盐、葱姜末拌在一起，口感鲜美，是一道很好的佐餐小菜。

香椿芽苗拌豆：原料只需香椿芽苗、黄豆、香油、盐、鸡精，此菜富含维生素 E 和大豆黄酮，营养十分丰富。

炸香椿虾：香椿芽苗适量，鸡蛋清两个，淀粉适量，花生油少许。将鸡蛋清打成蛋液，加淀粉、适量味精、精盐待用，锅内放油烧至三四成熟时，把香椿芽苗放入蛋液中拌匀，用小匙将拌有蛋液的香椿芽苗放入锅中炸熟，撒上椒盐即成。

香椿芽苗拌豆

荞麦苗

科属：蓼科荞麦属

难易指数：★☆☆☆☆

日本市场出售的
袋装荞麦苗

日本市场出售的
盒装荞麦苗

植物小故事

荞麦苗是用荞麦果实（瘦果）在适当湿度条件下培育的芽菜，包括有胚根、下胚轴和两片展开的子叶。明代徐光启编撰的《农政全书》中《荒政》采引《救荒本草》有：“（乔麦苗）处处种之。苗高二三尺许。救饥采苗叶煠熟，油盐调食。”当时将荞麦苗作为救荒的食品。

日本人喜食荞麦苗，在日本各大超市均有荞麦苗出售。中国在20世纪90年代开始有荞麦苗生产，现于一些超市有售。

栽培要点：

1. 荞麦种子有 4 种，分别为甜荞种子、苦荞种子、翅荞种子和米荞种子。用于生产荞麦苗的种子以甜荞种子为好，其种子粒大，生出的芽苗较为粗壮。

2. 用水将甜荞种子浸泡 24 小时，捞出后沥干水分。

3. 将平底盘子洗净，在盘底铺 1 ~ 2 层洁净的草纸或白报纸，用水将纸床浸湿。将浸泡后的种子均匀地撒播在纸床上，3 天后种子发出白色的芽。

4. 每天喷水，保持种子的湿度，温度控制在 20 ~ 25℃。当芽苗直立后，加强光照。如立体栽培，需将上面的苗盘和下面的苗盘倒换，保证每个苗盘充分、均匀见光。

5. 芽苗早期生长的高度可能不齐，有高有矮。10 天后，芽苗生长高度趋向一致。此时保持较强的光照和湿度十分重要。

6. 荞麦苗的高度在 8 ~ 10 厘米，顶端两片叶子完全展开时，即可收获。

营养知识：

荞麦苗含有的维生素 P（芦丁）是生物类黄酮物质之一，是一种多元酚衍生物，属芸香糖苷，有降低血脂和改善毛细血管通透性及血管脆弱性的作用。

健康吃

凉拌荞麦芽：荞麦苗洗净，切段，放入精盐、香油、米醋、味精等调料。此菜对高血压患者有降压、软化血管之疗效。

荞麦苗、玉米、甜椒沙拉：荞麦苗洗净后用盐水泡 10 分钟，冲洗几遍沥干水；速冻甜玉米用开水烫过，甜椒切成小条，放入橄榄油、橙汁和蜂蜜搅匀即可。

凉拌荞麦苗

向日葵苗

科属：菊科向日葵属

难易指数：★☆☆☆☆

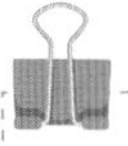

植物小故事

向日葵原产北美洲西南部，本是野生植物，后经栽培观赏，迅速遍及世界各地。中国栽培向日葵至少已有近400年的历史。葵花籽富含不饱和脂肪酸、多种维生素和微量元素。很多人喜食葵花籽，但吃过向日葵苗的人却不多。向日葵苗是一种新兴的芽苗类蔬菜，出现在百姓餐桌上只有20多年的历史。

栽培要点：

1. 任何一种葵花籽都可以用来生产向日葵苗。向日葵种子在农贸市场极易买到，购买时应选择籽粒饱满、发芽率高的种子。

2. 向日葵种子用自来水浸泡 8 小时，捞出后沥干表面水分。在平底容器上铺 1 ~ 2 层洁净的白纸，把纸喷湿。将浸泡 8 小时的种子均匀地撒播在纸床上，盖上湿毛巾保湿。每天喷 1 ~ 2 次水，喷水量以纸床上没有积水为度，温度保持在 20 ~ 25℃。出芽后，拿掉保湿的毛巾，加强光照。另注意喷水量及光照不够会造成种壳不脱落。

3. 8 ~ 10 天，芽苗长到 6 ~ 8 厘米时，应适度加大喷水量和光照，以保证子叶展开，脱掉葵花籽外壳。芽苗高 8 ~ 12 厘米，种壳脱落，子叶充分展开时即可收获。

营养知识：

向日葵种子脂肪油中有多量亚油酸、磷脂等，有预防高脂血症的作用。种仁中的大部分糖是可溶性的单糖和多种有机酸，对高脂血症及高胆固醇血症有预防作用。

健康吃 向日葵芽苗去掉根须，用开水焯后凉拌是一种简单的食用方法。素炒、涮火锅味道也不错。

清炒向日葵苗

空心菜苗

科属：旋花科牵牛属

难易指数：★☆☆☆☆

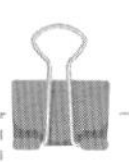

植物小故事

空心菜又名蕹菜，在中国自古就有栽培。西晋张华（公元232～300年）编写的《博物志》中有魏武帝曹操吃野菜之前，先食空心菜的记载。唐《本草拾遗》中解释道：“先食蕹菜，后食野葛，是二物相伏，自然无苦。”此记载说明空心菜可以解毒。

栽培要点：

1. 空心菜种子在种子商店可以买到。购买时选择籽粒饱满、发芽率高的种子。

2. 空心菜种子用自来水浸泡 36 小时，捞出后沥干表面水分。

3. 在平底容器上铺 1 ~ 2 层洁净的白纸，把纸喷湿。将浸泡 36 小时后的种子均匀地撒播在纸床上，播种量以种子盖满纸面为度。种子上面盖湿毛巾保湿。每天喷 1 ~ 2 次水，喷水量以纸床上没有积水为度，温度保持在 20 ~ 25℃。出芽后，拿掉保湿的毛巾，加强光照。

4. 2 ~ 3 天种子发芽，5 ~ 7 天芽苗开始伸长。8 ~ 10 天，芽苗长到 6 ~ 8 厘米时，应适度加大喷水量和光照，以保证子叶展开，脱掉空心菜种子的外壳。

5. 空心菜苗长到 10 ~ 12 厘米，两对子叶充分展开、呈 V 字型时进行采收。

1

2

3

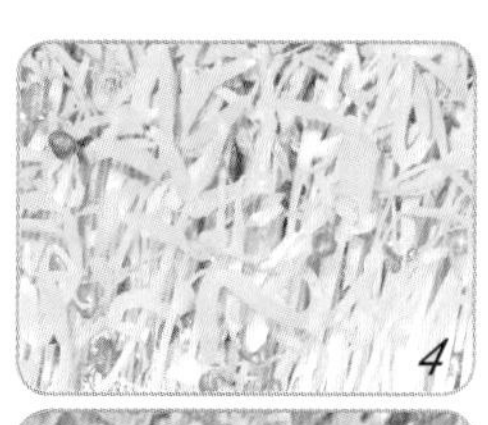
4

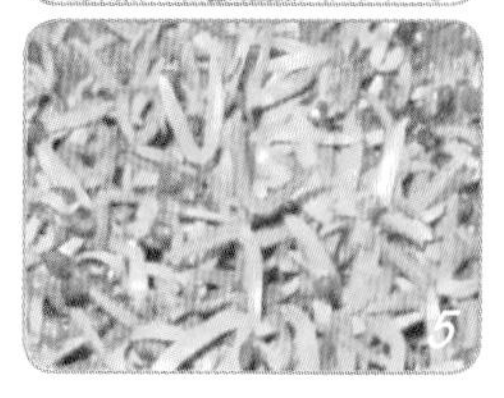
5

营养知识：

空心菜有很强的解毒作用，可以降血糖，是糖尿病患者理想的蔬菜。

健康吃

凉拌空心菜苗：空心菜苗去根，用开水略焯一下，加香油、味精、盐适量即可；也可用芝麻酱凉拌。

凉拌空心菜苗

科属：禾本科小麦属

难易指数：★☆☆☆☆

植物小故事

小麦为禾本科植物，是世界上分布最广的粮食作物，在中国已有5000多年的种植历史。用小麦芽做的麦芽糖，是中国的一种传统食品；用小麦芽苗榨汁，则是一种时尚的保健饮料。尽管兴起时间很短，小麦芽苗已受到消费者的青睐。

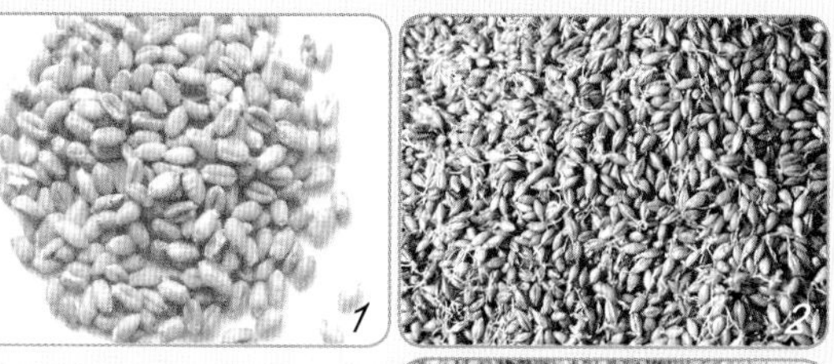

栽培要点：

1. 小麦种子在农贸市场和种子商店可以买到。购买时选择籽粒饱满、发芽率高的种子。最好选用当年的种子。

2. 在平底、浅口容器底上铺 1 ~ 2 层洁净的白纸，把纸喷湿。将浸泡 12 小时后的种子均匀地撒播在纸床上，播种量以种子盖满纸面为度，盖上湿毛巾保湿。两天后即可发芽。

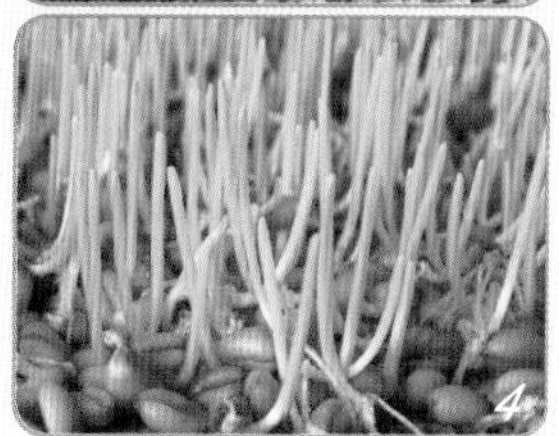

3. 发芽后拿掉湿毛巾，每天喷 1 ~ 2 次水，保持纸床湿润。5 天后长出小麦苗。

4. 小麦苗直立后加大喷水量，8 ~ 10 天可长到 8 ~ 12 厘米高。

5. 小麦苗高度超过 15 厘米时即可收获，收获时应将麦粒剪掉。

营养知识：

小麦苗含有大量生物活性物质、蛋白质、维生素和微量元素，用其榨取的汁液是很好的碱性食品，对胃溃疡病患者的康复很有帮助。

健康吃 将收获的小麦苗洗净，剪成寸段，放在榨汁机中。加入矿泉水，水量为麦苗的 2 ~ 3 倍。启动榨汁机，将麦苗打碎后倒在过滤网上过滤，滤掉残渣。小麦汁可加蜂蜜调味，味道更佳。

新鲜的小麦苗汁

PART 3

美丽的水培精灵
芽类蔬菜

中国人早在 2000 多年前的秦汉时期就发明了豆芽菜的生产技术，以其特有的智慧为饮食文化谱写下辉煌的一页。中国人能以“发芽”这一简捷的方法，将上苍赐予人类的天然食品转化成美味的佳肴，这不可不称为奇迹。

绿豆芽

科属：豆科豇豆属

难易指数：★★☆☆☆

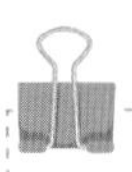

植物小故事

绿豆芽的食用始于宋代，南宋孟元老所撰《东京梦华录》一书中载有“以绿豆、小豆、小麦于磁器内，以水浸之，生芽数寸”。应为生绿豆芽的较早记载。18世纪华人将生豆芽的技术带入欧美，到20世纪后期引起国际现代营养学界的重视，在西方曾掀起“豆芽热”，将之列为“健康食物”。

栽培要点：

1. 用于绿豆芽菜生产的绿豆一般有明绿豆、毛绿豆、黑绿豆等品种，在选购种子时应注意选择当年收获的籽粒饱满，硬实率低，纯度和净度均高的种子。

2. 发绿豆芽以瓦盆为最好。也可用泥制的花盆代替，但要将盆底的排水孔堵上。将绿豆种子挑选后用清水浸泡24小时，倒掉水、沥干。将种子平铺于培育豆芽菜的容器中，厚度约5厘米。

3. 在豆芽菜培育过程中，一般夏季高温期每隔3～4小时，冬季低温期每隔6～8小时淋水一次。在开始发芽阶段需水量少，此后渐次加大，直到产品采收前两天达到需水高峰，应及时增加淋水次数和淋水量。

4. 淋水完毕后，用湿毛巾盖好，以促进豆芽的良好生长。

5. 绿豆芽的适宜生长温度为21～27℃，当豆芽长到1.5～2厘米时对温度特别敏感，要特别注意调节温度，切勿过高或过低，否则易发生红根或腐烂。

6. 绿豆芽菜从浸种到采收，在适宜温度下一般为5～9天。芽长6～8厘米、子叶未展开即可收获。

7. 自己发的绿豆芽带有根须，市场上买的绿豆芽没有根，那是因为使用了无根剂。

营养知识：

绿豆在发芽过程中会发生多种有益于人体的变化：部分蛋白质会分解成易被人体吸收的游离氨基酸；棉子糖、水苏糖等产生气体的糖类完全消失，使得进食绿豆芽后不会像过量食用绿豆那样引起腹部胀痛；绿豆发芽后，释放出更多的磷、锌等矿物质，维生素C增加了6%，叶酸和维生素B_6也有所增加。

健康吃

绿豆芽其味清淡，其质细嫩，吃起来鲜浓香脆，十分可口。尤其是在蔬菜淡季，为老百姓餐桌上增添了花色品种。北方人在立春这一天喜食“春饼”，名曰“咬春”。吃春饼时必有“炒合菜”这道菜，寓意一年到头和和美美、顺顺当当，体现了人们对美好生活的追求与向往。“炒合菜”中的主菜就是绿豆芽。

炒合菜

黄豆芽

科属：豆科大豆属

难易指数：★★☆☆☆

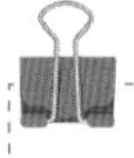

植物小故事

中国是生产、食用芽菜最早的国家。在《神农本草经》中已有记载，当时的黄豆芽是作为药用的。到了宋代，黄豆芽已广为食用。

栽培要点：

1. 黄豆有种皮白黄、淡黄、黄、金黄、暗黄等不同色泽的品种，但以色泽黄亮者为好。黄豆在农贸市场很容易买到，在选购种子时应注意选择当年收获的籽粒饱满，硬实率低，纯度和净度均高的种子。

2. 将黄豆种子进行清选，挑出破粒、虫蛀种子。经过清选的种子用自来水浸泡 24 小时后，将种子捞出。

3. 浸泡后的种子放在可以漏水的容器中，以便淋水。因淋水后会滴水，在容器下放一个塑料盆接水。种子厚度不超过 5 厘米，用湿毛巾盖好，3 天后即可发芽。

4. 黄豆芽的适宜生长温度为 21 ~ 23℃，在夏季高温期每隔 3 ~ 4 小时，冬季低温期每隔 6 ~ 8 小时淋水一次，以降低发芽时生出的热量。淋水的次数和质量是培育优质豆芽菜产品的一项关键技术。每次淋水要淋透、淋匀，直到排出的水温与淋入的水温接近时为止。淋水完毕后，应立即将容器口用湿毛巾盖严，有利于保温、保湿，并造成种子发芽所需黑暗条件，促进黄豆芽的良好生长。

5. 黄豆芽长到 8 厘米左右即可采收，黄豆芽产量一般约为干种子重量的 5 倍。采收的黄豆芽放入盛有洁净清水的容器内，漂洗去种皮及未发芽的豆粒。因为没有使用无根剂，生出的黄豆芽有根，食用时请除去。

营养知识：

黄豆芽中含有一种干扰素诱生剂，能诱发干扰素，增加人体抗病毒、抗癌的能力。有学者在研究中还发现，黄豆芽中含有一种酶，可阻碍致癌物质亚硝胺在体内的合成；另有报告说，埃及癌症研究中心从黄豆中提取到一种蛋白酶，经动物实验表明，这种蛋白酶可以溶解癌变异细胞，起到预防和治疗癌症的作用。

健康吃

自古民间便有“黄鸟钻翠林”这道菜，其实就是黄豆芽炒韭菜。名字起得好，菜的颜色也漂亮，深受人们喜爱。

黄鸟钻翠林

黑豆芽

科属：豆科大豆属

难易指数：★☆☆☆☆

植物小故事

大豆原产中国，古时称为“菽”，《诗经》等古籍多有收录。大豆是种皮为黄色、黑色和青（绿）色等三种大豆的统称。中国利用大豆芽苗的历史可追溯到先秦时期，距今约有两千多年的历史。黑豆芽是用种皮黑色的大豆生成的芽苗。以食用“长芽”为多，又被称为“黑豆芽苗”。

肥硕的黑豆芽好处多多

栽培要点：

1. 黑豆在农贸市场很容易买到，应选表面带有白粉的黑豆，因为表面光滑、明亮的多是陈年种子，发芽率低。

2. 废弃的泡沫箱很容易找到。

3. 用水将黑豆种子浸泡 24 小时后，将种子平铺在泡沫箱中，以盖满箱底为准。

4. 每天喷一次水，温度保持在 20 ~ 25℃。

5. 为了节省空间，泡沫箱可以叠放。图为叠放起来的泡沫箱。

6. 12 ~ 15 天即可长成 15 厘米左右的黑豆芽。

7. 采收黑豆芽从豆瓣往下 10 厘米处切割，因为没用除根剂发出的豆芽有根部和根须，食用时须剪掉。

营养知识：

黑豆芽的蛋白质及铁质的含量较高，根据临床试验证实，黑豆芽有降血压功效，传统中医也认为“黑豆解毒补肾”，有利尿、活血和解毒等功效。黑豆除富含优质蛋白外，也被列为异黄酮的最佳来源，对预防心血管疾病有一定的作用。

健康吃 黑豆营养价值在豆类中位居前列，食用方法很多，可用水焯过凉拌，也可炒食。素炒黑豆芽和鸡丝炒黑豆芽均是人间美味。

素炒黑豆芽

鸡丝炒黑豆芽

红豆芽

科属：豆科豇豆属

难易指数：★☆☆☆☆

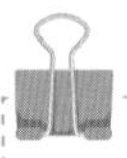

植物小故事

中国是红小豆的原产地，在中国红小豆栽培历史悠久。古医书《神农本草经》中，就有关于红小豆的药用记载。民间有食用红小豆芽的传统，但以食用“短芽”为主。所谓食用“短芽”就是刚开始露芽或芽尚未伸长时即已食用。

栽培要点：

1. 农贸市场很容易买到红小豆，但须选购当年收获的籽粒饱满，硬实率低，发芽率高和净度好的红豆种子。发芽前应挑出破粒、虫蛀的种子，用自来水浸泡种子 24 小时。

2. 选一个广口、深低、可漏水的陶制容器（其他材质的容器也可以），在容器底部放一层滤网，防止豆粒掉出。

3. 将浸泡好的红小豆种子放入容器中，放入量不超过容器深度的 1/2。

4. 温度保持在 20 ~ 25℃。每天淋水 1 ~ 2 次，每次淋水要淋透，然后用手翻动一下种子。

5. 淋水后将容器口盖上，遮光、保湿。容器放在承接滴水的盘子上。

6. 红豆芽从浸种到采收，在适宜温度下一般为 5 ~ 6 天。此时种子刚开始露芽或芽尚未伸长，取出淘洗干净即可食用。

营养知识：

红豆芽含有较多的膳食纤维，具有良好的润肠通便、降血压、降血脂、调节血糖、解毒抗癌、预防结石、健美减肥的作用。此外，红豆芽含有丰富的叶酸，是孕妇补充叶酸的理想食品。

健康吃

民间习惯将刚发芽的红豆芽称为“红豆嘴”。将红豆嘴放入沸水中焯一下，捞出来放入冷水中浸 5 分钟。起油锅，爆香葱末蒜末，淋入生抽，放入红豆嘴翻炒，加入一勺高汤略炖。待汤汁收干后，加入黄瓜丁略微翻炒后，加盐、少许糖、味精，翻炒均匀即可装盘。

素炒红豆嘴

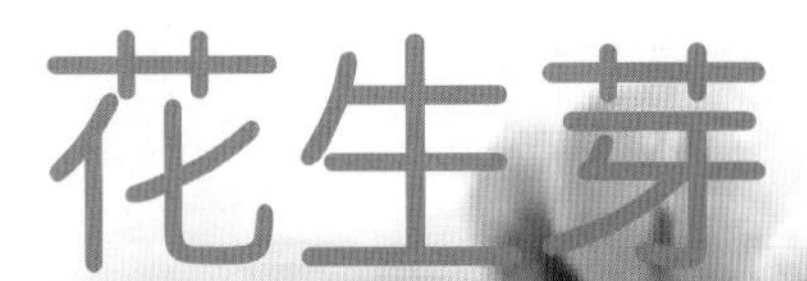

科属：豆科落花生属

难易指数：★☆☆☆☆

植物小故事

花生起源于南美洲热带、亚热带地区，约于16世纪传入中国。花生有滋养补益，延年益寿的功效，所以民间又称其为“长生果”。花生芽在南方地区食用历史较久，北方人在近年才有食用。

栽培要点：

1. 花生有大粒种、小粒种；种皮有红、粉、黄白、黑紫等不同品种类型。在购买种子时应注意选择当年收获的籽粒饱满，发芽率高的小粒种子。对种子进行挑选，除去破粒种子。各种可以盛水的容器，均可用于生产花生芽。

2. 用自来水浸种 24 小时，将水倒掉，沥干。在花生种子上盖上湿毛巾。每天用水淘洗 2 ~ 3 次，目的是补充水分，除去发芽产生的热量。三天后即可发芽。

3. 长出胚根后，可在上面压以重物，促使花生芽下胚轴增粗。8 ~ 10 天长成 5 ~ 6 厘米长的花生芽。

4. 花生芽长到 5 ~ 6 厘米即可收获。将花生芽放在保鲜袋中 4℃贮藏，可保留 3 天。

营养知识：

花生芽中含有生物活性物质白藜芦醇，可以预防动脉粥样硬化、心脑血管疾病；花生纤维组织中的可溶性纤维被人体消化吸收时，会像海绵一样吸收液体和其他物质，然后膨胀成胶体随粪便排出体外，从而降低有害物质在体内的积存和毒性，减少肠癌发生的几率。

酱爆花生芽

健康吃 食用花生芽时，应去除尾根。酱爆花生芽是一道香咸可口的菜肴。锅内放少许油，放入花生芽大火煸炒至豆瓣酥脆，将调稀的甜面酱倒入，爆火翻炒片刻即可。

蔬菜花生芽

科属：豆科苜蓿属

难易指数：★☆☆☆☆

植物小故事

苜蓿有黄花苜蓿和紫花苜蓿两种。紫花苜蓿原产于地中海沿岸，在史料记载前就可能在西南亚种植过。紫花苜蓿在汉代经由丝绸之路的北道传入中国。中国人多以苜蓿做菜蔬，而欧美国家多用紫花苜蓿种子生“苜蓿芽”食用。苜蓿芽是美国人经常食用的芽菜。

栽培要点：

1. 紫花苜蓿种籽形状为肾型，大小和芝麻相同，一般在种子商店就可以买到。

2. 用“发芽罐”发苜蓿芽非常简便。发芽罐可以在园艺商店买到，如果有兴趣的话，也可以自己制作一个发芽罐。将一个直筒塑料杯底扎一些小孔，孔的大小要小于种子。 苜蓿种子浸种时间需要 12 小时。

3. 将浸泡好的苜蓿种子放在发芽罐里，种子量占发芽罐体积的 1/3，盖上盖子。用黑塑料布将罐子包起来，也可以放在纸箱子中，目的是避免见光。

4. 温度保持在 20 ~ 25℃。每天淋水 1 ~ 2 次，每次淋水要淋透，淋水后将容器口盖上保湿，避免见光。

5. 1 天即可发芽，3 天后苜蓿芽伸长，5 ~ 6 天即可充满发芽罐。

6. 苜蓿芽菜从浸种到采收，在适宜温度下一般为 5 ~ 7 天，芽长 3 ~ 4 厘米。将苜蓿芽从罐中倒出来，用清水漂去种壳后即可食用。图为漂去种壳的苜蓿芽。

营养知识：

苜蓿芽是理想的碱性食品，可以对人体血液进行酸碱平衡，保持身体的强壮和精力的充沛。

健康吃 在 20 世纪 40 年代，美国已有苜蓿芽的工业化生产，作为生菜沙拉和汉堡面包中不可或缺的健康美食之用。

苜蓿芽汉堡

苜蓿芽沙拉

PART4

生命之叶常青
绿叶类蔬菜

绿叶蔬菜也就是我们日常说的叶菜，以柔嫩的绿叶、叶柄和嫩茎作为食用部分，适合阳台栽培的种类很多。绿叶蔬菜采收期不严格，栽培管理比较容易，可以说是非常适宜在阳台栽培的蔬菜种类。

菠菜

科属：藜科菠菜属

难易指数：★★☆☆☆

植物小故事

菠菜原产亚洲西部的伊朗，有2000年以上的栽培历史，是主食蔬菜之一。菠菜是通过官方和民间等多种途径从中亚和南亚地区先后传入中国的，传入的时间最迟不迟于公元7世纪的隋唐之际，至今已有一千多年的栽培历史。

宋代苏轼（公元1037～1101年）诗中说道：“北方苦寒今未已，雪底菠薐如铁甲；岂知吾蜀富冬蔬，霜叶露芽寒更茁。”从中可知当时蜀中已广种菠菜，并能越冬露地生产。

栽培要点：

1. 菠菜的种子非常轻，一千粒种子还不到 10 克。我们所说的菠菜种子实为菠菜的果实——聚合果，3 ~ 5 个果聚在一起，每个果内含有 1 粒种子。菠菜种子在蔬菜种子商店很容易买到。

2. 菠菜的适宜生长温度为 15 ~ 20℃，适于春、秋、冬季栽培。准备一个深度在 20 厘米以上的容器，里面放上 15 厘米厚的基质，用水浇透。待水完全渗下后，将菠菜种子（果实）按 8 X 8 厘米间距撒播，每一间距内播 2 ~ 3 粒种子（果实）。播完种后盖上 1 厘米厚的基质土，用木板稍微镇压一下，再用喷壶将土面浇湿。

3. 菠菜耐低温，4℃时即可发芽。但是菠菜种子种皮为革质，发芽慢，为提高发芽率，播种前可进行催芽处理。具体方法是将种子（果实）用水浸泡 2 小时后用纱布包好，放在冰箱冷藏室内，每天用水冲洗 1 次，3 ~ 5 天种子发芽时再播种。

4. 菠菜为速生蔬菜，需水量较大，宜小水勤浇，保持土壤湿润。小苗出土后，需施肥，0.5 平方米的栽培面积一次施 20 ~ 30 克膨化鸡粪即可，施肥后浇水。菠菜出苗后，30 ~ 40 天即可采收。

营养知识：

菠菜含钙量超过含磷量 1.5 倍，健康饮食要求每天摄取的钙和磷的量应保持平衡。菠菜可以补充某些含磷量比含钙量多的食品，如鸡蛋、鱼、豆类、肉和一些海产品的不足，以确保两种必要元素的适量摄取。菠菜叶中含有类胰岛素样物质，其作用与哺乳动物体内的胰岛素非常相似，故糖尿病患者（尤其是 2 型糖尿病患者）常吃菠菜可以使体内血糖保持稳定。

健康吃

民间有一道好吃又好听的菜肴，名叫“红嘴绿鹦哥”，说白了就是清炒菠菜。因为菠菜的根呈红色，衬着绿叶非常漂亮，故得此美名。“红嘴绿鹦哥”做法十分简单：菠菜择洗干净，切成大段，用开水略焯烫一下后用凉水拔凉，捞出略挤去水分。炒勺内放少许油，油热后放入焯好的菠菜，加入适量盐、味精煸炒即可装盘。

红嘴绿鹦哥——清炒菠菜

芹菜

科属：伞形科芹属

难易指数：★★★☆☆

多种色彩的
芹菜叶柄

植物小故事

芹菜起源于欧洲南部和非洲北部的地中海沿岸地带，汉代由高加索传入中国。芹菜传入中国后，经长期栽培驯化，培育成叶柄细长、香味浓的“中国芹菜”。芹菜食用部分是叶柄，一些人将叶柄称为“茎”是错误的。芹菜叶柄多为绿色，也有白色、黄色、粉色、紫色、红色的叶柄。

栽培要点：

1. 芹菜种子极小，千粒重只有 0.5 克。在阳台上种十几颗芹菜，只需几十粒种子。芹菜种子在蔬菜种子商店可以买到，一次购买的芹菜种子，放在玻璃瓶中保存，可以连续使用 3 年。芹菜采用育苗移栽，即先育好苗，然后再移栽。

2. 将芹菜种子包上纱布，放在清水中浸泡 24 小时，使种子充分吸水。然后将种子于阴凉处略晾一下，散掉种子表面过多的水分。晾后的种子放在铺有纸张的小盒里，盖上盒盖，放在阴凉通风处催芽。催芽的适宜温度为 15 ~ 20℃。每天用清水将种子清洗 1 次，以防发霉。清洗后要稍晾一晾，然后继续催芽。约 7 天，待 80% 以上的种子发芽时即可播种。

3. 准备一个 5 厘米深、10×20 平方厘米的平底容器（如育苗盘），里面放上 3 厘米厚、掺有膨化鸡粪的基质。将基质喷湿后播种。播种时，按 2×2 厘米间距将发芽的种子均匀摆放。播种后用基质覆盖，覆盖厚度不超过 1 厘米。小水喷湿覆盖的基质，盖上塑料布保湿。

4. 小苗出土后，要及时喷水，温度保持在在 15 ~ 20℃。芹菜幼苗高 6 ~ 8 厘米，长有 3 ~ 5 片叶子时即可定植。

5. 准备一个深度在 25 厘米以上的平底容器，里面放上 20 厘米厚、掺有膨化鸡粪的基质。将基质湿透后，轻轻地将芹菜苗从育苗容器中拔出，栽在准备好的容器中。

6. 每 10 天追加少量膨化鸡粪，及时浇水。40 天后即可收获。

7. 芹菜株高 40 ~ 50 厘米，长有 6 ~ 7 片叶时，可以整株收获；也可一片一片摘叶柄采收，随吃随收。

营养知识：

芹菜是高纤维食物，可以加快粪便在肠内的运转时间，减少致癌物与结肠黏膜的接触，达到预防结肠癌的目的。芹菜中含有酸性的降压成分，对于原发性、妊娠性及更年期高血压有降压的作用。

健康吃

用芹菜做小菜生食，清脆可口，如芹菜虾仁、芹菜核桃仁均是爽口的美味。

芹菜虾仁

芹菜核桃仁

结球生菜

科属：菊科莴苣属

难易指数：★★★☆☆

植物小故事

植物学家认为生菜起源于地中海沿岸或中亚，经过几个世纪生菜发展成为欧洲制作沙拉的重要蔬菜，20世纪初中期引入中国，当时仅局限在北京、上海、广州等少数大城市的郊区种植，其产品供给西餐厅使用。近年来，生菜已成为广大消费者喜食的一种蔬菜。

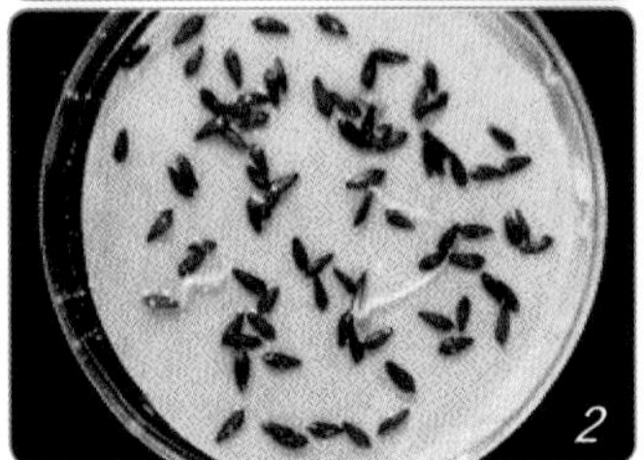

栽培要点：

1. 结球生菜种子非常小，千粒重只有0.8 ~ 1.5克。

2. 结球生菜需要育苗栽培，播种前将种子用纱布包裹，放在凉水中浸泡1小时后放置在15 ~ 20℃的环境中催芽。

3. 1 ~ 3天后有一多半种子发芽时即可播种。

4. 平底容器内放3厘米厚的基质，用水浇透。

5. 将发芽的种子均匀地撒播在基质上，上面覆盖1厘米厚的基质，喷湿基质表面。保湿至幼苗出土。育苗期约20天。

6. 幼苗长出4 ~ 5片叶时，将幼苗轻轻拔出，定植在较大的容器中。基质厚度在25 ~ 30厘米，每株苗栽培面积为25 x 25厘米。

7. 定植后注意水肥管理，适当追加一些有机肥，并在追肥后浇水。结球生菜喜凉爽气候，最宜生长温度为15 ~ 20℃。

8. 定植后40天，叶球紧实即可收获。结球生菜含水量高、组织脆嫩，可用保鲜膜包裹，放在冰箱中保存。

营养知识：

结球生菜中含有莴苣素，故味微苦，具有镇痛催眠、降低胆固醇、辅助治疗神经衰弱等功效。它含有的“干扰素诱生剂”可刺激人体正常细胞产生干扰素，从而生成一种“抗病毒蛋白”以抑制病毒。另结球生菜中的含有甘露醇等成分，有利尿和促进血液循环的作用。

健康吃

生菜多为生食，几片生菜、番茄，加上沙拉酱就可做成一道美味的生菜沙拉。蚝油生菜的味道也极为鲜美，做法十分简单：生菜、蚝油各适量，将生菜掰开撕成大块，锅内放少量油，放入生菜快速翻炒，倒入适量蚝油，再稍加盐糖即可。

空心菜

科属：旋花科牵牛属

难易指数：★★☆☆☆

植物小故事

空心菜原产中国南方及亚洲的东部和南部地区，又名蕹菜。中国自古栽培空心菜，栽在旱地上的空心菜叶小茎细为“旱蕹”，种植在水面上则为“水蕹”。水蕹可以随船筏流动生长，西南的木材商人，有在木筏上种植空心菜的习惯，用以解决长途行船的蔬食。

栽培要点：

1. 空心菜有较强的耐热性，极适于夏季在阳台栽培。空心菜种子的体积近似黄豆粒，千粒重在200克左右。种子在15℃以上的温度才能发芽，最适宜的生长温度为25 ~ 30℃。

2. 深度在30厘米以上的木箱、泡沫箱、塑料箱是种植空心菜的理想容器。箱里放上25厘米厚、掺有膨化鸡粪的基质。播种前，将空心菜种子浸泡5 ~ 6小时。

3. 将基质浇湿，待水完全渗透后，将浸泡后的空心菜种子按15 × 8厘米株行距播种，播种后覆盖2厘米厚的基质，进行浇水。

4. 空心菜生长期需要40 ~ 50天，整个生长期内应注意浇水，每隔10天施一次膨化鸡粪，每次每株约10 ~ 15克，直到空心菜幼苗出土。

5. 空心菜幼苗子叶展开呈V字型，即为“空心菜芽苗”又名“双V藤藤菜”。

6. 40天后，空心菜植株可长到30厘米高，此时可整株收获，也可采嫩梢分次收获。

健康吃

空心菜以素炒为好，做法简单、口味佳良。将整段空心菜用开水略焯一下，热油起锅，蒜瓣煸炒出蒜香后放入空心菜，快速翻炒即可装盘。

营养知识：

空心菜是碱性食物，可降低肠道的酸度，预防肠道内的菌群失调，对防癌有益。其所含的烟酸（维生素B_3）、维生素C等能降低胆固醇、甘油三酯，具有降脂减肥的功效。空心菜的粗纤维素含量较丰富，具有促进肠蠕动、通便解毒的作用。

素炒空心菜

苋菜

科属：苋科苋属

难易指数：★☆☆☆☆

植物小故事

中国自古栽培苋菜，北魏贾思勰所著《齐民要术》中就提到了苋菜，但并未列入蔬菜，而是列入采集的野菜。苋菜有红色苋菜、绿色苋菜和彩色苋菜三种。红叶苋菜又称“雁来红”，到了深秋，其叶转为深紫色，而顶叶则变得猩红如染，鲜艳异常。由于苋菜叶片变色正值“大雁南飞”之时，人们便给它取了个美丽的名字——雁来红。

雁来红

栽培要点：

1. 苋菜具有较强的耐热性，但不耐寒，适于夏季栽培。苋菜种子极小，黑色有光泽，千粒重只有 0.4 ~ 0.7 克。苋菜种子在 10℃以下难于发芽，植株在 25 ~ 30℃气温下生长良好。苋菜种植采用直播，深度在 20 厘米以上的任何敞口容器均可用来种植苋菜。

2. 容器里面放上 15 厘米厚、掺有膨化鸡粪的基质。种子不用浸泡，直接播在基质上即可。播后用木板轻轻压一下，然后喷水，盖上塑料薄膜保湿。出苗后揭去薄膜，适当喷水保持基质表面湿润。苗高 5 ~ 6 厘米时，补施膨化鸡粪。

3. 注意浇水、施肥，促进苋菜苗营养生长。40 ~ 50 天即可收获。苋菜从幼苗到成株期间均可食用。

营养知识：

苋菜富含蛋白质、脂肪、糖类及多种维生素和矿物质，其所含的蛋白质比牛奶更能充分被人体吸收，所含胡萝卜素比茄果类高 2 倍以上，可为人体提供丰富的营养物质，有利于强身健体，提高机体的免疫力，有“长寿菜”之称。

健康吃 苋菜可凉拌、可清炒、可做馅和做汤。苋菜肉包味道极好，苋菜牛骨汤更为鲜美。红苋菜榨出的汁液，是天然的食品色素。

清炒苋菜

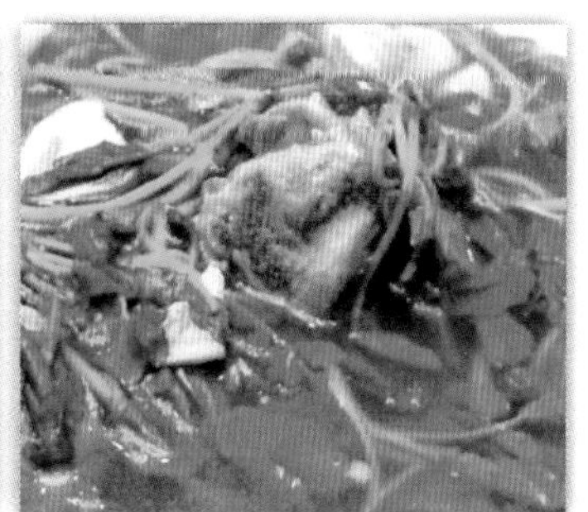

苋菜牛骨汤

叶甜菜

科属：藜科甜菜属

难易指数：★★☆☆☆

植物小故事

甜菜起源于地中海沿岸和西亚一些国家，叶甜菜是甜菜的变种，又称“莙荙菜”。公元前4世纪，希腊已有深绿色、浅绿色和红色的叶甜菜变种。叶甜菜约在公元3～5世纪的魏晋时期，沿着丝绸之路经由波斯等地传入中国。《太平寰宇记》中记载，“莙荙菜”是从阿拉伯末禄国（今伊拉克巴士拉）引进的一种上等蔬菜。

栽培要点：

1. 叶甜菜喜冷凉湿润的气候，耐寒、耐热力均较强，非常适于阳台无土栽培。叶甜菜采用种子直播栽培，播种的种子为聚合果，因种皮厚，吸水慢，播种前需浸种2～3小时。

2. 叶甜菜种植方法基本同菠菜种植。可用盆栽或木箱栽培，每株栽培面积约为15×15厘米，种子最适宜的发芽温度为18～25℃，5～7天即可发芽。

3. 生长期间需要充足的水分，但忌水分过大。浇水以见湿见干为度。每十天每株追施膨化鸡粪10克。

4. 播种后50天左右，叶甜菜长有6～7片大叶时，即可采收。

5. 叶甜菜的幼苗即可食用，采收大叶时，只需采收外层2～3片叶，内叶可继续生长。

营养知识：

叶甜菜含有多种维生素、矿物质和蛋白质，营养丰富，具有清热解毒、行血化瘀的功效，对咳嗽、咽喉疼痛具有很好的消炎作用。民间认为叶甜菜煸炒后与粳米共煮粥，能解热、健脾胃、增强体质，并且对便秘有一定的治疗作用。

健康吃 叶甜菜可以凉拌、炒食，也可和粳米做菜粥，营养丰富、味道鲜美。

清炒叶甜菜

茼蒿

科属：菊科菊属

难易指数：★★☆☆☆

植物小故事

茼蒿原产地中海沿岸，在中国已有1000多年的栽培历史。“茼蒿”的称谓始见于唐代孙思邈的《备急千金要方》，在其“菜蔬”类中已列有“茼蒿”的名录。

茼蒿依照叶的大小，分大叶茼蒿和小叶茼蒿两类。大叶茼蒿亦称板叶茼蒿或圆叶茼蒿，小叶茼蒿又称花叶茼蒿或细叶茼蒿。在北京小叶茼蒿类型又被培育成嫩茎品种——蒿子秆儿。

栽培要点：

1. 茼蒿的种子，实际上是“瘦果”。果小、细长、褐色，千粒重 2 克左右。播种前需浸种 24 小时，浸种后在 18 ~ 20℃温度下催芽。每天冲洗一次，5 ~ 7 天出芽，出芽后即可播种。

2. 种植茼蒿的容器深度有 15 厘米，基质约 10 厘米厚即可。播种前浇湿基质，种子均匀撒播，播后覆土出苗，注意留苗间距约 5×5 厘米左右。

3. 保持浇水，20 天后施一次肥，每平方尺（约为 0.11 平方米）面积施膨化鸡粪 25 克。生长期约 40 天。

4. 株高 15 厘米时可进行采收，注意留顶梢，摘取外周大叶。

营养知识：

茼蒿中含有多种氨基酸、脂肪、蛋白质及较高量的钠、钾等矿物盐，能调节体内水液代谢，通利小便，消除水肿；茼蒿含有一种挥发性的精油，以及胆碱等物质，具有降血压、补脑的作用。

健康吃

《红楼梦》六十一回中有：“前日春燕来说，晴雯姐姐要吃‘蒿子秆儿’，你怎么忙着还问肉炒？鸡炒？”。其实“蒿子秆儿”以素炒最好，味道清香。至于“大叶茼蒿”，还是以涮羊肉火锅味道最美。

大叶茼蒿配涮羊肉

番杏

科属：番杏科番杏属

难易指数：★★★☆☆

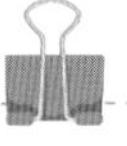

植物小故事

番杏的原产地在环太平洋地区，约在17世纪的清朝初年从东南亚地区经由海上传入中国。20世纪中期以前，番杏又从欧美多次引入我国，1946年在南京引种栽培。现在我国已初步形成了一定的生产规模。

栽培要点：

1

2

3

4

5

1. 番杏以果实繁殖，果皮较坚硬、厚实，种子不易吸水，播种前需对种子进行处理。将番杏的种果与同体积的沙粒混合，将果皮磨破，然后用 40 ~ 45℃温水浸种 20 ~ 30 小时，在 25℃温度下保湿催芽。

2. 当大部分种子裂开时，在基质上均匀撒播。播后覆土、浇水，保持基质湿润。出苗后，苗高 5 厘米时间苗。

3. 番杏食用部分为嫩茎叶，缺水时叶片发硬。故生长期要经常浇水，基质保持见湿见干。每 10 ~ 15 天施一次有机肥，施肥后浇水。

4. 从播种到开始收获需 45 ~ 50 天，及时采收嫩茎尖，可促使侧蔓发生，增加产量。

5. 苗期结合间苗可收获芽苗食用，定苗后随着植株的生长，可陆续采收嫩茎尖。

营养知识：

番杏含丰富的铁、钙、维生素 A、各种维生素 B 和磷脂。并含抗生素物质番杏素，具有清热、解毒、利尿消肿等作用。常食番杏对于肠炎、败血病、肾病等患者具有较好的缓解病痛的作用。

番杏粳米粥

健康吃

番杏的嫩茎尖与嫩叶，可炒食或入沸水焯后凉拌，也可配鸡蛋做成番杏蛋花汤，还可与粳米煮成番杏粳米粥。

紫背天葵

科属：菊科三七草属

难易指数：★★★☆☆

白背天葵

植物小故事

紫背天葵原产中国及马来西亚。因叶片表面淡绿色、背面淡紫色，又名双色三七草。中国植用紫背天葵的历史可追溯到南北朝时期。当时的医学典籍《雷公炮炙论》已提到它活血化瘀的药用功能。同科同属中还有白背天葵，其形态和紫背天葵一样，不同的是白背天葵叶的表面呈淡绿色，而背面为白色。紫背天葵深受日本人喜爱，因自古以来在日本九州中部熊本县的游览胜地“水前寺”前常有种植，日本人又习称其为“水前寺菜”。

栽培要点：

1. 紫背天葵可用扦插繁殖。从生长健壮的植株上剪取6～8厘米带有顶芽的枝条，将枝条底部的1～2片叶摘掉，作为插条。

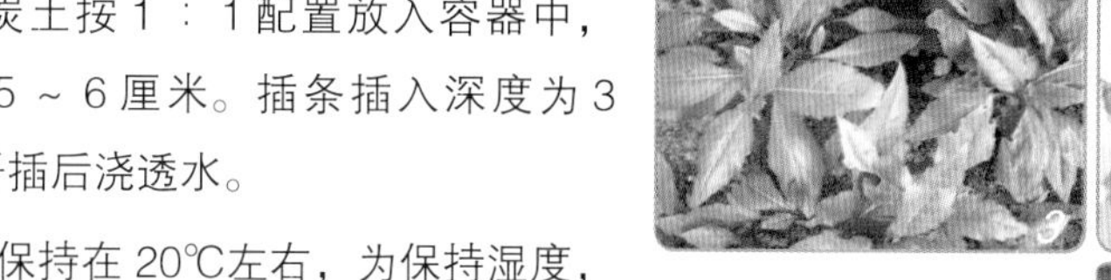

2. 选一个平底容器作扦插床。将水洗河沙和草炭土按1∶1配置放入容器中，厚度为5～6厘米。插条插入深度为3厘米，扦插后浇透水。

3. 温度保持在20℃左右，为保持湿度，可在扦插床上找一个大塑料袋。10～15天可生根成活，成活率可接近100%。

4. 扦插苗成活后，将幼苗轻轻拔出，移入掺有肥料的基质中。进行正常肥水管理。

5. 紫背天葵主梢长15厘米以上时，即可采摘顶梢。采收后会发出侧枝，10～15天可继续采收。采下来的顶梢除食用外，又可用作繁殖材料。

营养知识：

紫背天葵中富含黄酮苷成分，可以增加维生素C的作用，减少血管紫癜。紫背天葵可提高抗寄生虫和抗病毒的能力，增强人体免疫能力，对预防肿瘤有一定功效。

健康吃 紫背天葵可用大火清炒，也可做成蛋皮紫背天葵卷蘸调料食用。

清炒紫背天葵

蛋皮紫背天葵卷

小油菜

科属：十字花科芸薹属

难易指数：★★☆☆☆

植物小故事

小油菜俗称青菜，原产中国。明代以前，油菜主要在长江下游太湖地区栽培，明清时期才迅速成为全国各地栽培的主要蔬菜。在这同一时期，长江下游太湖地区常将播种不久的小油菜采收供食，名之为“鸡毛菜”。

栽培要点：

1. 油菜种子圆球形，较小，千粒重 2 克，发芽年限 2 ~ 4 年。小油菜栽培采用直播。

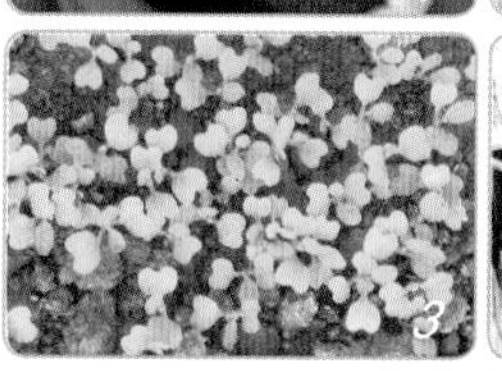

2. 任何深度在 15 厘米以上的开口容器均可用来种植小油菜，容器内放置 10 厘米厚的基质，浇透水，水渗下后在基质表面撒一层干的基质，将油菜种子均匀撒播。

3. 播种后盖 1 厘米厚的基质，轻轻用木板压平后喷水，保持土层湿润。2 ~ 3 天出苗。

4. 适宜生长温度为 18 ~ 20℃。生长期间注意浇水、施肥。

5. 播种后 20 天，即可陆续收获。最早收获的幼苗，民间又称为“鸡毛菜”。

营养知识：

小油菜中含有丰富的钙、铁与胡萝卜素，是人体黏膜及上皮组织维持生长的重要营养源，对于抵御皮肤过度角化大有裨益。油菜还有促进血液循环、散血消肿的作用。孕妇产后的瘀血腹痛、丹毒、肿痛脓疮等病症可通过食用油菜来辅助治疗。

健康吃 香菇和油菜是很好的搭配，二者可以烧出一道名菜。将小油菜择洗干净，香菇用温水泡发，去蒂，挤干水分，切成小丁备用。炒锅倒入油烧热，放入小油菜，加一点儿盐，炒熟后盛出。炒锅再次烧热，放入油烧至五成热，放入香菇丁，勤翻炒至炒出水分，加盐、酱油、白糖翻炒至熟。加入水淀粉勾芡，再放入味精调味，最后放入炒过的油菜翻炒即可。

香菇油菜

油麦菜

科属：**菊科莴苣属**

难易指数：★★★☆☆

植物小故事

油麦菜是莴苣中茎短缩而叶发达的品种——叶用莴苣。莴苣原产在亚洲西部及地中海沿岸，在中国的地理和气候条件下形成了茎用莴苣。油麦菜在国内的栽培时间较短，但发展很快，现已成为一种普通的大众蔬菜。

栽培要点：

1. 油麦菜种子较小，千粒重在 1 克左右，采用育苗定植栽培，栽培方法类似生菜栽培。将种子用清水浸泡 4 ~ 6 小时，然后捞起沥干，装入纱布内，在 15 ~ 20℃的温度下催芽。每隔 1 天冲洗 1 遍，经 2 ~ 4 天，有 60% ~ 70%出芽即可育苗播种。

2. 准备好育苗容器，容器内放 5 厘米厚的基质，用水浇透基质。将发芽的种子均匀地撒播在基质上，上面覆盖 1 厘米厚的基质，喷湿基质表面，保湿至幼苗出土。育苗期约为 25 天。

3. 幼苗长出 3 ~ 6 片真叶时即可定植，定植密度为 8×8 厘米。定植后注意浇水，一般 3 ~ 4 天即可成活。

4. 定植后至采收期间需结合喷水，追施有机肥 2 ~ 3 次，避免土壤过干，缺水时可在早晚喷淋，保持叶片鲜嫩。

5. 油麦菜采收标准较宽松，从幼苗到长出的大叶都可采收食用。

营养知识：

油麦菜具有降低胆固醇、治疗神经衰弱、清燥润肺、化痰止咳等功效，是一种低热量、高营养的蔬菜。

健康吃

豆豉鲮鱼油麦菜是川菜中的名菜，家庭制作十分简单。将油麦菜洗净切段，坐锅点火，锅内放少许油。待油热后煸炒葱花、姜末，炒出香味后加入油麦菜、豆豉鲮鱼翻炒，倒入蒜末，勾薄芡收汁即可。

鲜嫩的油麦菜

豆豉鲮鱼油麦菜

木耳菜

科属：落葵科落葵

难易指数：★★★☆☆

绿落葵

红落葵

植物小故事

木耳菜的学名称为“落葵”，原产中国和印度。中国栽培历史悠久，在公元前300年即有关于落葵的记载。明代李时珍在《本草纲目》中载有：“落葵叶肥厚软滑，可作蔬。”落葵有两个品种：红落葵茎、叶、花紫红色；绿落葵茎、叶绿色，花白色。

栽培要点：

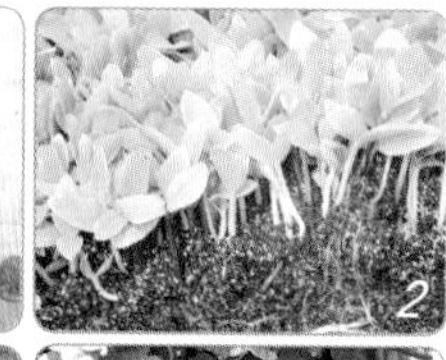

1. 木耳菜种子呈球形，紫红色，直径 4 ～ 6 毫米，千粒重 25 克左右。其种子种皮坚硬，发芽困难，播种前必须进行催芽处理。用 55℃热水浸泡 10 分钟后，用清水冲洗一次。再用 35℃的温水浸种 1 ～ 2 天，捞出在 25℃温度下催芽。

2. 有多半种子发芽后，即可播种。育苗盘内基质厚度在 15 厘米左右，将基质浇湿后把种子均匀撒播在上面，覆土约 1 厘米厚，浇水、保持湿度，幼苗长出 1 ～ 2 片真叶时间苗。

3. 4 ～ 5 片真叶时进行定苗，定苗的株行距为 10×10 厘米。

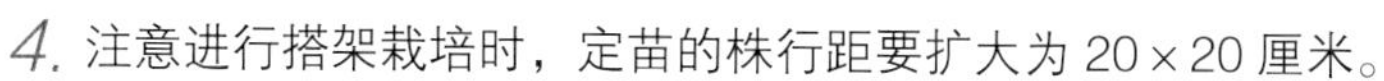
4. 注意进行搭架栽培时，定苗的株行距要扩大为 20×20 厘米。

5. 木耳菜喜温暖，不耐寒。生长发育适温为 25 ～ 30℃。在 35℃以上的高温，只要不缺水，仍能正常生长发育。其耐热、耐湿性均较强，适于夏季栽培。

6. 由于植株常生不定根，也可用扦插繁殖。生长期内均可进行扦插，扦插 10 ～ 12 天生根，极容易成活。

7. 木耳菜的幼苗、嫩茎、嫩叶均可供食用，幼苗高度在 15 厘米以上时便可以采收。

营养知识：

木耳菜富含胡萝卜素、维生素 B、维生素 C，而且热量低、脂肪少，经常食用有降血压、益肝、清热凉血、利尿、防止便秘等疗效，极适宜老年人食用。木耳菜的钙含量很高，是菠菜的 2 ～ 3 倍，且草酸含量极低，是补钙的优选经济菜。

健康吃 木耳菜食用方法多样，可以炒食、涮火锅、凉拌、做汤等，有滑肠、利便、清热等功效，经常食用能降压益肝、清热凉血、防止便秘，是一种保健蔬菜。

刚采摘的木耳菜　　素炒木耳菜

珍珠菜

科属：菊科艾蒿属

难易指数：★★☆☆☆

植物小故事

珍珠菜，别名珍珠花菜、角菜等，原产中国广东省潮汕地区和台湾省的北部地区，分布于东北、华北、华南、西南及长江中下游地区。珍珠菜原本是一种野菜，常生于荒地、山坡、草地、路边和草木丛中。近年来多有人工栽培，已成为一种大众蔬菜。

栽培要点：

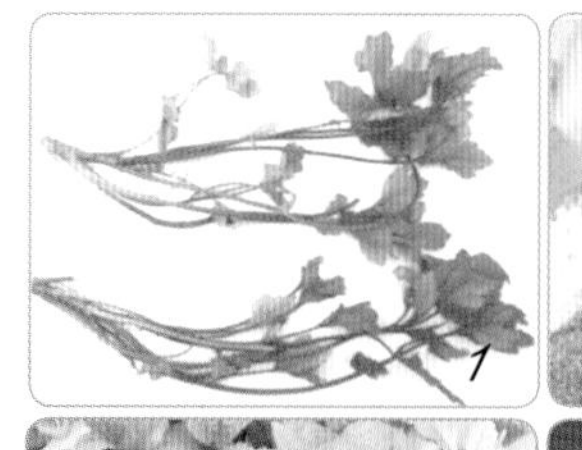

1. 珍珠菜用扦插繁殖。扦插时期不限，全年均可进行，但以春秋两季扦插成活率较高。扦插苗可用买来的珍珠菜作为种苗，也可采用分株繁殖。分株繁殖时要选取健壮株，挖出植株，用刀把各分枝切割开，即可定植。

2. 扦插苗选用健壮母株，从上截取带3～5芽的枝条，枝条长约10厘米。扦插苗扦插于事先准备好的苗床中，入土约为茎枝的2/3。插后浇透水，保持温度，在20℃时约10天发根。

3. 珍珠菜属浅根性作物，根系吸收能力较弱，生长期间应加强肥水供应，扦插后一般每隔半个月追一次有机肥。

4. 定植后40天即可陆续采收，摘取5～6片嫩叶的嫩梢供食，第一次采收后的新梢15～20天后又可供采收。全年可采摘嫩梢，嫩叶食用。

营养知识：

嫩茎叶营养丰富，带有菊科蔬菜的独特风味。富含胡萝卜素和铁、钙等矿质元素，是一种营养价值很高的蔬菜。

健康吃 珍珠菜是潮州菜式中的必需品之一，以嫩绿清香的叶片为原材，用之做珍珠皮蛋汤、拌凉拌菜等。

珍珠菜皮蛋汤

菊花脑

科属：菊科菊属

难易指数：★☆☆☆☆

植物小故事

菊花脑原产中国，是南方常见的一种野菜。《太平天国史稿》载：公元1864年（清同治三年）早春三月，曾国藩率领清兵围困太平天国首都天京（今江苏南京），因城里食粮殆尽，居民寻找野菜充饥，发现菊花脑嫩茎叶清香可口，后来便加以引种，并逐渐把它变成了栽培蔬菜。

栽培要点：

1. 菊花脑繁殖可采用种子繁殖、扦插繁殖和分株繁殖，分株繁殖最为简便。

2. 菊花脑的地下根茎在北方可露地越冬，冬季地上部分枯死，地下宿根仍然存活。在春季植株萌芽前挖取宿根，将宿根种植在装有基质的容器中。

3. 宿根在15℃以上时，20天左右即可长出新的植株。2～3年后植株衰老，需要更新。

4. 可多次采收嫩梢，每次采收留取5～8厘米植株茎。采后追施有机肥。采收次数越多，分枝越旺盛。采收标准以茎梢可用手折即断为度。

营养知识：

菊花脑除含有蛋白质、脂肪、纤维素和维生素等营养物质外，还含有黄酮类和挥发油，有特殊芳香味，食之凉爽清口。夏季食用有清热凉血、调中开胃和降血压之功效。可治疗便秘、高血压等疾病。

健康吃 菊花脑有小叶菊花脑和大叶菊花脑两种，以大叶者品质为佳。菊花脑是民间餐桌上最常见的菜肴，菊花脑鸡蛋汤是夏日防暑清火的佳品。

菊花脑鸡蛋汤

菊花脑丸子汤

荠菜

科属：十字花科荠菜属

难易指数：★★☆☆☆

植物小故事

荠菜原产中国，遍布世界温带地区。中国自古就有采集野生荠菜食用的记载。2500年前的《诗经·邶风·谷风》中有："谁谓荼苦，其甘如荠"的诗句。宋代诗人陆游《食荠诗》中："挑根择叶无虚日，直到开花如雪时。"和辛弃疾的"城中桃李愁风雨，春在溪头荠菜花"也都表明了当时荠菜是一种野菜。时至今日，除一些大中城市有少量栽培，大多数地区仍将荠菜视为一种野菜。

栽培要点：

1. 荠菜是一种野菜，4 月可以在田间地头采集到荠菜的种子。种子成熟后有休眠期，可以存放到秋季播种。

2. 种子播种前可用塑料薄膜包起来，放在冰箱冷藏 8 天。

3. 栽培容器内基质厚约 10 厘米，浇湿基质，将种子均匀撒播在基质上。用 1 厘米厚的干基质覆盖，轻轻镇压后喷水。

4. 4 ~ 5 天苗出齐。出苗后 30 天，长出 12 ~ 15 片叶时收获。

5. 荠菜可陆续播种，陆续收获，随吃随摘。

营养知识：

荠菜含有丰富的胡萝卜素、维生素 C 及铁、钙等矿质元素，所含的荠菜酸，是有效的止血成分。荠菜还含有乙酰胆碱，谷甾醇化合物，不仅可以降低血液及肝里胆固醇和甘油三酯的含量，而且还有降血压的作用。

健康吃 初春三四月，是吃荠菜的好时候。这时候的荠菜很嫩，每一片叶子都泛着嫩绿的光，闻起来有一种特别的清香。荠菜的吃法很多，可凉拌，可炒，可炸，可做馅和做汤。其中最为美味的就是“荠菜鲜肉大馄饨”。

荠菜鲜肉大馄饨

蒲公英

科属：菊科

难易指数：★★☆☆☆

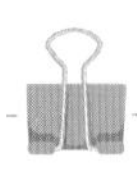

植物小故事

蒲公英是一种野菜，生于田野路旁和荒草丛中。19世纪中叶，法国将野生的蒲公英培育成栽培品种。蒲公英的英文名字来自法语，意思是狮子牙齿，因为蒲公英叶子的形状像一嘴尖牙。蒲公英花为亮黄色，是由很多细花瓣组成的头状花序，成熟之后，被风吹过会分为带着一粒种子的小白伞。谁在童年都会以吹散蒲公英伞为乐。

栽培要点：

1. 蒲公英可用种子直播繁殖。蒲公英种子很小，一般每个头状花序种子数都在 100 粒以上，大叶型蒲公英种子千粒重为 2 克左右。

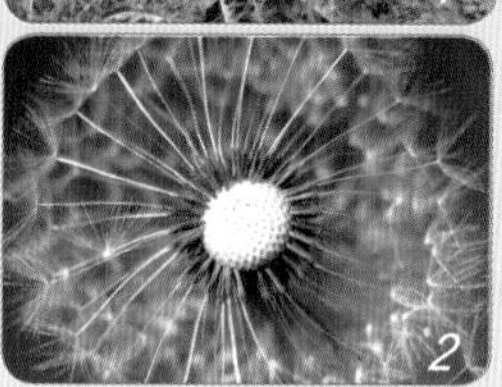

2. 蒲公英种子可自己采收，采种时将蒲公英的花盘摘下，放在室内存放一天，待花盘全部散开，再阴干 1 ~ 2 天，至种子半干时，用手搓掉种子尖端的绒毛，然后晒干种子。

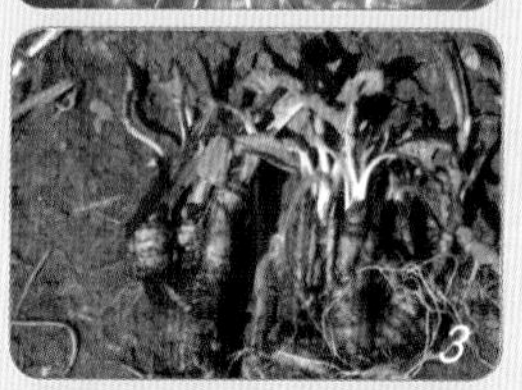

3. 成熟的蒲公英种子没有休眠期，从春天到夏天都可进行播种。将基质浇透，把种子撒播在基质上，覆盖一薄层基质轻轻镇压，喷湿，第二天即可生根发芽。

4. 从播种至出苗需 10 ~ 15 天。在生出 2 ~ 3 片真叶及 5 ~ 6 片真叶和 7 ~ 9 片真叶时分别进行间苗。间下的苗可食用。期间进行肥水管理，温度保持在 15 ~ 20℃，叶片达到 10 ~ 15 厘米时，即可采摘叶片。

5. 在蒲公英野生资源丰富的地方，也可分根繁殖。入冬前将挖出的根株进行整理，摘掉老叶，保留完整的根系及顶芽。当温度和湿度适合时，顶芽便开始萌发长出新的枝叶。当叶片达到 10 ~ 15 厘米时，可进行采收，并注意保护生长点。收获一般应在清晨进行。

营养知识：

蒲公英含有蒲公英醇、蒲公英素、胆碱、有机酸、菊糖等多种营养成分，有利尿、缓泻、退黄疸、利胆等功效。每百克蒲公英含有胡萝卜素 7350 微克，是极好的维生素 A 来源。

健康吃

蒲公英可生吃、炝拌、炒食、做汤，风味独特。将洗净的蒲公英用沸水略焯，捞入冷水中待用，佐以辣椒油、味精、盐、香油、醋、蒜泥等，味鲜美略带苦味清香，非常爽口。

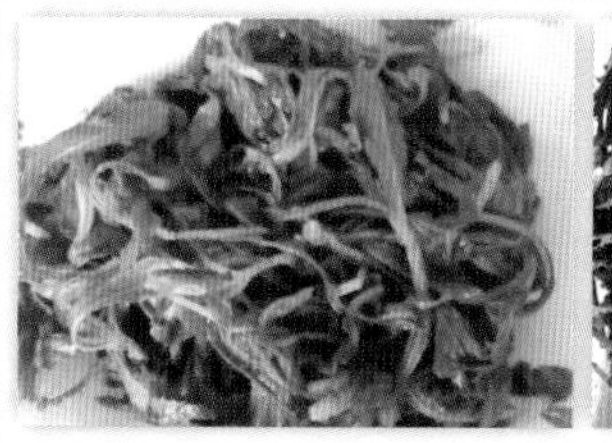

凉拌蒲公英

松仁蒲公英

马齿苋

科属：马齿苋科马齿苋属

难易指数：★☆☆☆☆

植物小故事

马齿苋起源于印度，几个世纪以来传播到世界各地。现在墨西哥、欧洲、中国和中东地区，马齿苋都还是野生蔬菜，生于菜园、农田和路旁，为田间常见杂草。在中国，马齿苋多以春夏季节到田野采集野生的茎叶供食用；在英国、法国与荷兰等西欧国家，马齿苋早已发展成为栽培蔬菜。

栽培要点：

1. 收集野生马齿苋种子用来播种。马齿苋蒴果的成熟期有前有后，一旦成熟就自然开裂撒出种子。

2. 马齿苋的种子很细小，采集时可先铺上报纸或薄膜，而后摇动植株，让种子落到报纸或薄膜上，以便收集。

3. 马齿苋一年四季均可种植。为了使播种密度均匀，可在种子中加入 100 倍种子重量的细沙进行撒播。因种子易掉入基质孔隙中，播后只需轻按基质，无须再行覆土。

4. 播后喷水、保湿。幼苗长到 3 ~ 4 厘米高时开始间苗，间苗分次进行，逐步加大株距。25 天左右，株高达到 25 厘米以上，可陆续采收。在生长期间，根据生长情况进行追肥。

5. 马齿苋的茎可以贮存水分，再生能力强，切口或伤口周围能很快长出不定根，可以用其茎段或分枝扦插繁殖。将未开花结籽的野生植株分剪成 5 厘米长的茎段或分枝，以 8 ~ 10 厘米的株距扦插 1/2 以上入土，然后浇水，待发根后追肥。

6. 采收时要注意在植株根部留 2 ~ 3 节主茎。

营养知识：

马齿苋含有丰富的 SL3 脂肪酸及胡萝卜素。SL3 脂肪酸是形成细胞膜，尤其是脑细胞膜与眼细胞膜所必需的物质；胡萝卜素转化成维生素 A 能维持上皮组织如皮肤、角膜及结合膜的正常功能，参与视紫质的合成，增强视网膜感光性能，也参与体内许多氧化过程。

健康吃 马齿苋的吃法很多，可凉拌、荤炒素炒与做汤，但以马齿苋玉米面团子最好吃。将马齿苋洗干净，用沸水焯后放在冷水中凉透剁碎后加调料拌馅（可荤可素），玉米面加少量面粉，用温水和面，擀成面饼，将菜馅包成菜团子。

马齿苋蔬菜什锦

马齿苋玉米面团子

马兰头

科属：菊科马兰属

难易指数：★☆☆☆☆

植物小故事

马兰头别名马兰，大多数分布于亚洲南部与东部。中国分别有红梗和青梗两个种。马兰头原是野生种，生于路边、田野和山坡上，全国大部分地区均有分布。由于寒食节与清明节合二为一的关系，一些地方还保留着清明节吃冷食的习惯。在浙江吃马兰头等时鲜蔬菜，是取其“青”字，以合“清明”之“青”意。

栽培要点：

1. 马兰头的繁殖方法主要有种子繁殖、根茎繁殖和分株繁殖 3 种。其中以分株繁殖最为简单。可在野外挖取马兰头植株作为繁殖材料。

2. 将挖取的马兰头植株栽种在盛有基质的容器中，只需浇水便极易成活。栽植成活后，将地上部分用利刀齐基质面割去，然后加强肥水管理，促使其分蘖，长出新的叶片。

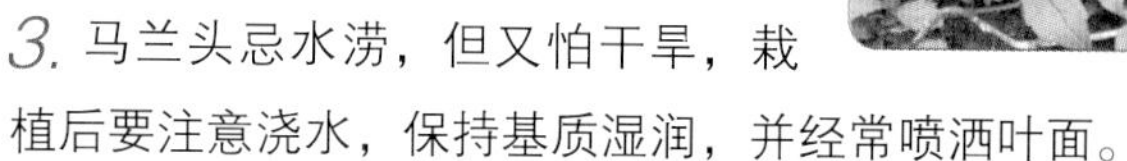

3. 马兰头忌水涝，但又怕干旱，栽植后要注意浇水，保持基质湿润，并经常喷洒叶面。

4. 马兰头主要食用嫩叶，长成四叶一心时，可陆续采摘嫩叶。

营养知识：

马兰头含有丰富的维生素等营养成分，还含有挥发油，油中主要成分有乙酸龙脑酯、甲酸龙脑汁、酚类、倍半萜烯、二聚戊烯等生物活性物质。其性平，味甘。对高血压、胃溃疡、咽喉炎、急性肝炎、扁桃体炎等诸多疾病都有清热的作用。

健康吃

马兰头可炒食、做汤、做馅，但以马兰头拌豆腐最为鲜美。将马兰头用开水烫熟后切碎，北豆腐切成骰子块大小，加细盐、味精、香油调拌即可。

马兰头拌豆腐

土人参

科属：马齿苋科土人参属

难易指数：★★☆☆☆

植物小故事

土人参原产热带美洲，现在西非、拉美的许多地区，早已成为大众蔬菜。中国的中部和南部均有栽培，可供观赏与食用，根可入药，有滋补强身的功效。

栽培要点：

1. 土人参种子细小，呈亮黑色，千粒重 0.25 ~ 0.3 克。可用种子繁殖，也可扦插繁殖。土人参每一小颗果实便含有 15 ~ 25 粒种子。

2. 用种子繁殖时先将基质浇水，待水渗透后再播种。将种子掺细沙均匀地播于基质上，播毕覆盖薄薄一层细小基质，加盖塑料薄膜，以保持床土湿润，促进发芽。播种后 7 天种子发芽，约 10 天即可出苗，出苗后揭去塑料薄膜。一般苗龄为 20 天，长至 5 ~ 6 片真叶时即可移栽。土人参喜欢温暖湿润的气候，移栽后应注意保温、保湿，加强肥水管理。

3. 土人参的茎剪断后，很易生成不定根，扦插后容易成活。选取粗壮、无病、硬实的枝条，剪成 10 ~ 12 厘米长的小段，上剪口要平，下剪口为斜面，同时摘去下部 2 ~ 3 片叶，扦插到栽培槽中。扦插后注意保温、保湿，加强肥水管理。

4. 植株生长至 15 ~ 20 厘米高度时，便可不断长出分枝，此时即可开始采摘。采收时应尽量采摘到基部，以免侧枝发生过多。同时注意及时摘除花序，以利于茎叶生长。

5. 土人参定植后若不摘除花序，50 天左右蒴果便成熟。蒴果成熟时易裂开，应及时收取种子，留种备用。

6. 参照高温季节 6 ~ 8 天、低温季节 10 ~ 15 天采收 1 次，可常年采收。

营养知识：

土人参含有芸苔甾醇、β－谷甾醇、豆甾醇等生物活性物质。有健脾润肺，补中益气，止咳，调经等功效。

健康吃 土人参根、叶均可食用，可炒、可做汤、可涮、可炖，营养丰富，口感嫩滑，风味独特，药蔬兼用，是近年来新兴起的一种养生保健类绿叶蔬菜。

鸡片土人参汤

大叶枸杞

科属：茄科枸杞属

难易指数：★★★☆☆

植物小故事

枸杞原产中国，后遍及温带和亚热带的东南亚、朝鲜、日本及欧洲的一些国家。枸杞在中国古代简称“杞”，是古代一种重要的野菜。诗经《小雅·杕杜》篇有“陟彼南山，言采其杞”之句。明代李时珍在《本草纲目》中也记载：“待苗生，剪为蔬食，甚佳”。《红楼梦》六十一回里有“枸杞芽儿”的描述，可见在清代，枸杞芽叶已有市售。

栽培要点：

1. 大叶枸杞一年生枝条在适宜的温度、湿度条件下，极易萌发不定根，而一旦生根后，生长速度很快，多采用扦插繁殖。在郊野可找到野生的大叶枸杞，作为扦插用的枝条，应选用一年生尚未完全木质化的枝条。从枝条基部按 8 ~ 10 厘米长度截取插条，每段要有 3 ~ 5 个腋芽，其中以枝条中段截取的插条最易发根，成活后长势最旺。插条的直径以 0.5 厘米左右为宜。过细的插条生根与抽芽能力均弱。

2. 将深度在 15 厘米以上的栽培容器中放 10 厘米厚的珍珠岩，再将插条以 2 厘米 ×2 厘米密度插入沙中，深度 6 ~ 7 厘米。扦插后浇透水，覆盖薄膜保湿，温度保持在 20 ~ 25℃。10 ~ 15 天插条基部和中部即能生出不定根，上部萌发出新芽。在正常条件下，枸杞插条扦插成活率一般可达 90% 以上。

3. 插条生根后，将插条移入栽培基质中定植，株距保持约 10 厘米。定植后 40 ~ 50 天，新枝条可长达 20 ~ 30 厘米。此段时间追加 1 ~ 2 次有机肥，温度保持在 15 ~ 25℃之间，并适当灌溉，保持土壤湿润。

4. 大叶枸杞以采收嫩茎叶为主，可进行多次采收，在温暖的季节一般在定植后 50 ~ 60 天，株高约 30 厘米，基部叶片尚未衰老时即可开始采收嫩梢头。采收嫩梢后，在基部的腋芽又可发生新的嫩枝。在采摘过程中，应特别注意留下 3 ~ 6 个基部腋芽，以利其萌发出更多的新枝条。

营养知识：

大叶枸杞含有丰富的胡萝卜素、锗、东莨菪碱、β －谷甾醇、葡萄糖苷、芸香苷、芦丁、甜菜碱等元素。具有提高人体免疫力、抗疲劳、抗衰老，保肝、明目的作用。

健康吃

大叶枸杞食用方法多样，可凉拌、素炒、煲汤，味道鲜美，健体明目。

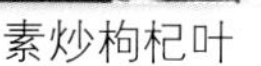
素炒枸杞叶

枸杞叶牛肉汤

PART 5

人气旺旺的养生药草

芳香类蔬菜

芳香类蔬菜是指含有挥发性物质，能作为蔬菜使用的植物。芳香类蔬菜是时下人气很火的蔬菜种类，人们又称之为“香草”，把食用芳香类蔬菜与健康、闲适的生活情趣有机地结合在一起已成为一种时尚。芳香类蔬菜气味芳香、可以药食兼用，生长过程中很少发生病虫害，易于管理。因而在自家的阳台上种植芳香类蔬菜，是再合适不过了。

芫荽

科属：伞形花科芫荽属

难易指数：★★☆☆☆

植物小故事

芫荽，别名香菜、胡荽等。原产地中海沿岸及中亚地区，约在公元前1世纪的西汉时期，由中亚沿丝绸之路传入中国。西晋张华（公元232～300年）的《博物志》载有："张骞使西域，得'大蒜'、'胡荽'。"北方地区因"胡荽"带有浓郁的辛香气味而改称其"香菜"。

栽培要点：

1. 香菜采用种子直播，种子可在种子商店买到。

2. 播种前要浸种催芽。先用清水浸种24 ~ 30小时，捞出后包在潮湿无污染的毛巾里。温度保持在20 ~ 25℃，种子保有一定的水分，经过3 ~ 4天出芽即可播种。

3. 栽培容器中放10厘米厚的基质，然后浇足水，待水渗完后均匀播种，播后盖土2厘米，全部播完后进行一次镇压。覆盖塑料膜保湿，待幼苗大部分出土时，除去塑料膜。

4. 苗高4 ~ 5厘米时进行间苗，苗距在2 ~ 4厘米。进入生长旺期后，每7 ~ 10天追一次有机肥，坚持肥水结合、轻浇勤浇，经常保持土壤湿润。

5. 夏季天热，及时遮阳，并结合浇水降温。

6. 香菜可结合疏苗，分批收获。通常每7 ~ 10天间收一次。

营养知识：

香菜之所以香，主要是因为它含有挥发油和挥发性香味物质，如香柑内酯、伞形花内酯、芸香苷、异槲皮苷等。上述物质有健胃消食，发汗透疹，利尿通便，驱风解毒的功效。香菜中含的维生素C比普通蔬菜高，一般人每日食用10克香菜叶就能满足人体对维生素C的需求量。

健康吃

各餐厅的菜谱中一般都会有各种“盐爆”的菜肴，如“盐爆肉丝”、“盐爆散丹”、“盐爆鸡条”等。这里的“盐爆”实际上就是加芫荽炒的菜，菜肴中加有芫荽，可除异味而增添清香之气，极受顾客的青睐。“盐”、“芫”同音，厨师加以借用，如果仅从字面上理解，则是笑话了。

盐爆散丹——香菜炒肚丝

薄荷

科属：唇形科薄荷属

难易指数：★★☆☆☆

植物小故事

薄荷原产于北温带，中国利用薄荷的历史可追溯到西汉时期。汉代著名文学家扬雄（公元前53年~公元18年），在其《甘泉赋》中已提到汉武帝在甘泉离宫内种植薄荷。陕西韩城姚庄坡出土的1800多年前的后汉墓中，也曾发现过薄荷的实物。宋代苏颂所著《图经本草》中载有："薄荷处处有之。"表明在宋代，薄荷已进入广为人工栽培的阶段。

栽培要点：

1

2

3

4

5

1. 薄荷可以用种子繁殖，但实际生产中多用无性繁殖。无性繁殖有根茎繁殖、分株繁殖和插枝繁殖三种。其中以分株繁殖最为简单易行。

2. 薄荷的茎和地面接触后，每一节都能产生不定根。将带有新芽的地上茎切成 10 厘米长的小段，作为分株的材料。

3. 栽培容器中装入 10 厘米厚的基质，将切好的地上茎栽入基质中。适当浇水，促使根茎发芽生根，形成新株。

4. 薄荷喜干燥，浇水要适量，应见干见湿。15 ~ 20 天追一次有机肥。

5. 薄荷主茎长到 50 厘米左右时，就可采摘嫩尖食用。栽植一次，可连续采收 2 ~ 3 年。

营养知识：

薄荷有兴奋中枢神经的作用，通过末梢神经使皮肤毛细血管扩张，促进汗腺分泌，增加散热，有利于发汗解热。薄荷制剂局部应用可使皮肤黏膜的冷觉感受器产生冷觉反射，引起皮肤黏膜血管收缩，具有清凉、消炎、止痛和止痒的作用。

健康吃

薄荷粥的营养丰富，香甜宜人。中老年人吃些薄荷粥，可以清心怡神，疏风散热，增进食欲，帮助消化。其做法是用 60 克粳米煮粥，待粥将成时加入切碎的薄荷叶 15 克、冰糖适量，再煮沸即可，可供早晚餐温热服食。

薄荷粥

紫苏

科属：唇形科紫苏属

难易指数：★★☆☆☆

植物小故事

紫苏原产中国，其拉丁文学名“nankinensis”意为“南京的”，便体现了中国原产地的内涵。成书于元代皇庆二年（公元1313年）的《王祯农书》中记述：“苏，茎方，叶圆而有尖，四周有齿。肥地者背面皆紫，瘠地者背紫面青。面背皆白，即白苏也。”表明古人对紫苏的性状及栽培已十分了解。

紫苏历来被作为药用，宋仁宗（公元1023～1063年）时，曾把“紫苏汤”定为翰林院夏季清凉饮料。

栽培要点：

1. 紫苏小坚果为圆球形，灰白色果实内含有 1 粒种子。种子千粒重 0.8 ~ 1.8 克。紫苏种子休眠期较长，采后需经 4 ~ 5 个月才能发芽。从种子商店买到的种子，已经度过休眠期可直接使用。

2. 栽培容器中放 10 厘米厚的基质，浇足水，待水渗完后均匀播种，播种后盖土 1 厘米，全部播完后进行一次镇压，继而喷水、覆盖塑料膜保湿，7 ~ 8 天即可出苗。待幼苗大部分出土时，除去塑料膜。

3. 待长有两片真叶时进行间苗，苗距 2 ~ 3 厘米。浇水不宜太多，以防徒长。

4. 长至 3 ~ 4 片真叶时进行定苗，定苗后加强肥水管理。紫苏开始分杈时生长迅速，随着不断采摘嫩茎叶，应及时补充有机肥。

营养知识：

紫苏挥发油中含紫苏醛、紫苏醇、薄荷酮、薄荷醇、丁香油酚、白苏烯酮等，对真菌有抑制作用。超氧化物歧化酶（SOD）在每毫克苏叶中含量高达 106.2 微克，有抗衰老的作用。

健康吃

紫苏包饭吃起来别有风味。紫苏叶洗净，米饭蒸熟，再将腌制好的牛肉切片煎熟。将米饭做成长条饭团，放到紫苏叶上，在饭团上涂一层辣酱，把煎熟的肉片切成条后放到饭团上，用紫苏叶包好，便可食用。

紫苏包饭

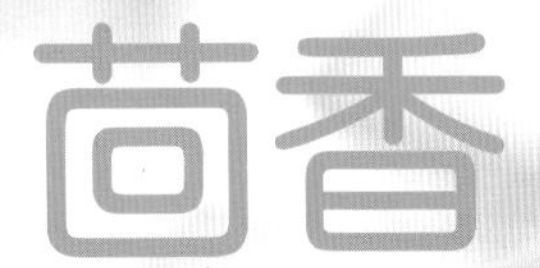

科属：伞形科茴香属

难易指数：★★☆☆☆

植物小故事

茴香原产地中海沿岸及西亚地区。大约在东汉时期，经由中亚丝绸之路引入中国。茴香古时称“怀香”，我国文学史上有“竹林七贤”之一誉称的嵇康（公元 223 ~ 262 年）在其《怀香赋·序》中有：“怀香生蒙楚之间”的记述，“蒙楚”指现今河南和湖北两省。由此可以推知，早在公元 3 世纪的三国时期，茴香已经在中国的中原地区进行繁衍了。

栽培要点：

1. 茴香种子千粒重在1.2～2.6克之间，在蔬菜种子商店均可买到。小茴香最适宜生长期的温度为15～20℃，高于25℃生长缓慢，低于5℃就会几乎停止生长。播种时地温保持5～10℃，15～16天即可出苗。播种至成熟约85～95天，开花到成熟可保持25～30天。

2. 茴香种子适应性强，对炎热和冷凉气候均能适应，随时可以播种。播种前先用自来水浸种24小时，放在20～25℃的环境中催芽，每天用清水冲洗一次，洗去种子表面的黏液，以促进发芽。

3. 栽培容器中装上10～15厘米厚的基质，浇透水。待水渗下后，将发芽种子均匀地撒播在基质上，播后覆盖基质2～3厘米，用木板镇压后浇水。温度保持在15～20℃时7～8天即可出苗。出苗后应勤浇水，以见湿见干为度。结合浇水，15天左右施一次有机肥。

4. 植株长到30厘米高时，连根拔起，一次收完。也可在距根上3厘米处剪收，留下植株根茬再度萌发，长成新株，进行第二次收割。

营养知识：

茴香是一种辛香类蔬菜，其香气主要来自茴香脑、茴香醛等香味物质，是集医药、调味、食用于一身的多用植物。茴香具有抗菌、刺激胃肠神经血管，促进唾液和胃液分泌，增进食欲，帮助消化的作用。适合脾胃虚寒、肠绞痛、痛经患者用于食疗。

健康吃 茴香茎叶部分具有香气，常被用来做饺子、锅贴、馅饼、包子等食品的馅料。尤以茴香鸡蛋馅的水饺最为清香鲜美。

茴香馅水饺

莳萝

科属：伞形花科莳萝属

难易指数：★★☆☆☆

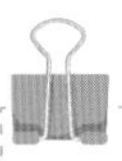

植物小故事

莳萝原产地中海沿岸至印度地区。莳萝之栽培可追溯至公元前400年，《旧约圣经》中就已有记载莳萝的栽培。埃及在很早以前就食用莳萝，并将之作为防腐剂及药类使用。莳萝是经波斯从海上丝绸之路传入中国南方地区的，传入时期不迟于公元3世纪的晋代。其最早著录可见晋代古籍《广州记》，书中记载：“‘莳萝’生波斯国。”如今，莳萝作为香辛料极受欢迎，在鱼或贝类菜肴中用于调味。

栽培要点：

1. 莳萝外表看起来很像茴香，俗称土茴香。双悬果椭圆形，背棱稍突起，侧棱呈狭扁带状。种子千粒重约1.2克。栽培方法基本同茴香。

2. 种子播种前先用冷水浸种4～5天。每天换水一次，捞出沥干水分即可播种。

3. 播种后 10 ~ 15 天出苗，苗期可间拔幼苗食用。苗高 5 ~ 10 厘米时浇水、追肥，保持土壤湿润。

4. 苗高 20 厘米时，追施一次有机肥。苗高 20 厘米以上时，可一次采收或间拔采收。

5. 莳萝在出苗后 30 ~ 40 天内采收全株，食其嫩叶。

6. 如作调味香料之用可在抽苔开花后采收。

营养知识：

莳萝的有效成分为茴香脑、茴香酮、甲基胡椒酚、茴香醛等，吃了可以刺激胃肠神经血管，增加胃肠蠕动，排除胃肠中的积气，促进全身血液的流动，因而可以达到祛风散寒，暖胃行气的作用。

健康吃 莳萝全株都具芳香气味，其嫩苗、嫩叶可作青菜炒食，或用沸水焯后做凉拌菜，或洗净切碎后放于煮好的肉与蛋汤中，或撒于鱼肉等荤菜上，既解腥气，又能添色增香。莳萝的种子芳香味更浓，除用作调料外，还可用于腌制泡菜，可延长泡菜的保质时间。在法国，莳萝是被认为具有防腐作用的食品，常用于配制冬季保藏食品时的调味料。

莳萝腌泡菜

藿香

科属：唇形科藿香属

难易指数：★★☆☆☆

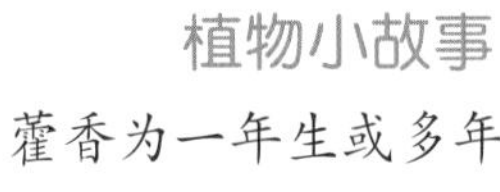

植物小故事

藿香为一年生或多年生草本，原产菲律宾等亚洲热带国家。东南亚各地栽培较多，中国的福建、台湾、广东、广西、海南等地均有栽培。由宋代苏颂主持编撰的《本草图经》载有："藿香，治脾胃吐逆，为最要之药"。

栽培要点：

1. 藿香生长适应性极强，耐寒耐热，易栽培。在严寒的北方地区，其地上部分枯萎，到来年春天气温转暖时地下根部又萌芽生长，发育成新株。采用种子进行直播繁殖，藿香小坚果呈长圆形，顶端有短硬毛。

2. 栽培槽内放 10 ～ 15 厘米厚的基质，用水浇透。种子匀播于基质上，覆土厚度以盖过种子为度。喷湿基质表面，8 ～ 10 天可以出苗。

3. 苗高 6 ～ 10 厘米时间苗，苗高 15 厘米时和收获后要各追施有机肥 1 次。

4. 苗高 25 厘米以上时采食嫩叶、嫩茎尖，结合间苗亦可采集嫩苗食用。

营养知识：

藿香含挥发油 0.28%，主要成分甲基胡椒酚占 80% 以上，并含有茴香脑、茴香醛、柠檬烯、对甲氧基内桂醛等。藿香中的挥发油有刺激胃黏膜、促进胃液分泌、帮助消化的作用。藿香中的黄酮类物质有抗病毒作用，从藿香中分离出来的成分可以抑制消化道及上呼吸道病原体病毒的生长繁殖。

藿香粥

健康吃

《本草纲目》记载：“藿香，治脾胃呕逆，为最要之粥”。藿香粥的做法为：鲜藿香 20 克，大米 100 克，适量白糖。先把藿香择净，放到锅内，加水适量。浸泡 5 ～ 10 分钟，煎取其汁，加入大米熬粥，粥熟时放白糖即成。藿香粥具有芳香化湿、和中止呕之功效。

罗勒

科属：唇形科罗勒

难易指数：★★☆☆☆

植物小故事

罗勒又名“九层塔”，起源于中国西部以及亚洲和非洲的热带地区，在中国有着悠久的栽培历史。北魏贾思勰在《齐民要术》中的“种兰香”篇载有：“三月中，乃种兰香。”并注有：“兰香者，罗勒也”。在欧美，罗勒是一种常用的香辛调味蔬菜。

栽培要点：

1. 罗勒种子千粒重约2克，采用育苗繁殖。用25～30℃温水浸种24小时。浸种后用清水漂洗种子，去掉种子表面的黏液，将种子放入纱布袋里，用力将水甩净，用湿毛巾盖好，保温保湿，放在25℃左右的温度下进行催芽。

2. 栽培容器内放置20厘米厚基质，用水浇透。将发芽的种子均匀地撒播在基质上。

3. 覆盖1厘米厚的基质，用木板压平覆盖的基质，3～5天即可出苗。

4. 出苗后注意湿度和光照，以促进幼苗茁壮生长。

5. 苗高5厘米时进行间苗。间苗时去小留大、去弱留强。

6. 当主茎发育生长到约15厘米高时，可摘叶心食用，同时保留6～8片叶，以促进分枝产生。

7. 罗勒茎高20厘米时，可随时采摘未抽花序的嫩心叶，如此可不断促进侧芽产生。一般10～15天可采收一次。

营养知识：

罗勒含有较丰富的胡萝卜素和蛋白质。其所含挥发油，性味辛温，具有疏风行气、化湿消食、活血解毒的功效。可治外感头痛、食胀气滞、泄泻等。

健康吃 罗勒嫩茎叶具有柔和的芳香，主要用于制作凉拌菜，也可炒食、做汤，或作调味料。

罗勒炒鸡蛋

罗勒拌时菜

PART 6

好吃好玩的果实乐园

瓜果类蔬菜

平时我们从农贸市场、超市买的一些瓜果蔬菜难免存在农药和化肥，而在阳台屋顶种植瓜果蔬菜则采用有机营养土，是健康无污染的食品。另外菜市场的瓜果蔬菜往往是经过长距离运输后才周转到消费者手上，鲜度有限。自己亲手在阳台屋顶上种植的瓜果蔬菜不仅新鲜，而且可随时采摘，随时食用，是家庭日常营养消费最直接和有效地补充。

水果黄瓜

科属：葫芦科甜瓜属

难易指数：★☆☆☆☆

植物小故事

历史学家在东南亚考古发现了12000年前的黄瓜种子，因而有学者认为黄瓜起源于东南亚，其后传入中亚和印度。黄瓜是由西汉时期张骞出使西域带回中原的，称为胡瓜，五胡十六国时后赵皇帝石勒忌讳“胡”字，汉臣襄国郡守樊坦将其改为“黄瓜”。

水果黄瓜是近30年由荷兰引进的，长12～15厘米，直径约3厘米，表皮上没有刺，而且口味甘甜，主要用来生食，作为一种蔬菜新品，水果黄瓜一面世，就受到了市场的欢迎。

栽培要点：

1. 黄瓜性喜温暖，采用育苗栽培。用50～55℃温开水烫种子消毒10分钟，不断搅拌以防烫伤。然后用约30℃温水浸种4～6小时。浸种后搓洗干净，捞起沥干，在28～30℃温暖处保湿催芽，20小时后开始发芽。

2. 栽培容器内放有15厘米厚的基质，浇透底水。将发芽的种子均匀地摆放，覆盖2厘米厚的基质，镇压后喷湿表面。适宜温度为20～25℃，3～4天幼芽出土。

3. 5天后两片子叶展开，15～20天时长出2片真叶。

4. 黄瓜苗长到2片真叶后，需将黄瓜苗移到较大的栽培容器中，基质厚度在30厘米左右，添加有机肥。

5. 移苗时注意不要伤了根系，移植后浇透缓苗水，浇透缓苗水后进行蹲苗。

6. 开花后注意区分花的雌雄，只有雌花才能结出黄瓜。雌花下面有一个小的黄瓜的胚胎，雄花没有。把雄花摘下，用雄花的花粉摩擦雌花的花蕊，注意不要摘错。

7. 直到第一条黄瓜长到3厘米时再开始浇水，并追加一次有机肥，之后注意保持基质湿润，每10天加一次有机肥。

8. 第一条黄瓜采摘后，将底部4～5片老叶打掉，并随时掐掉卷须，避免营养的浪费。

9. 黄瓜为蔓性生长，一般可以长到3米以上，40～50片叶子。当卷须出现时需吊绳引蔓，每隔3-4天引蔓一次。为不遮挡室内光线，也利于黄瓜生长，黄瓜栽培容器宜放在阳台东侧，向西延伸。

10. 春季黄瓜从定植至初收约55天，夏秋季35天。开花10天左右，皮色从暗绿变为鲜绿有光泽即可采收。

营养知识：

黄瓜中含有的葫芦素具有提高人体免疫功能的作用，以达到抗肿瘤的目的。此外，该物质还可治疗慢性肝炎和迁延性肝炎。所含丙氨酸、精氨酸和谷胺酰胺对肝脏病人，特别是对酒精性肝硬化患者有一定辅助治疗作用，可防治酒精中毒。

黄瓜中所含的葡萄糖苷、果糖等不参与通常的糖代谢，故糖尿病患者以黄瓜代淀粉类食物充饥，血糖非但不会升高，甚至会降低。

健康吃

水果黄瓜既是蔬菜又是水果，含水量高，清香脆嫩，以生食为好。另作为下饭小菜，小黄瓜也可以加上配料，制作成泡菜，是意想不到的美味佳肴。

小南瓜

科属：葫芦科南瓜属

难易指数：★★★★☆

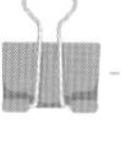

植物小故事

南瓜起源于中南美洲，16世纪传到欧洲，之后再传到亚洲。明代李时珍的《本草纲目》中已有栽培南瓜的记录。南瓜品种多样，形状颜色各不相同，极富观赏价值，也是家用食疗的上品。

栽培要点：

1. 南瓜采用种子直播栽培。将南瓜种子在温水中浸泡 6 小时，捞出后清洗干净，用湿布包好，在 26 ~ 30℃的温度下催芽。2 ~ 3 天即可发芽，当芽长 2 ~ 3 毫米时，即可播种。

2. 南瓜为蔓生，植株较大，需用较大的容器栽培。容器内基质厚度不低于 30 厘米。播种前将基质用水浇透，将发芽的种子按 30 厘米间距摆放在基质上，覆盖 3 厘米厚的基质。用木板压实，浇水保湿。

3. 种子萌动至子叶展平再到第一片真叶长出，需 10 天左右。

4. 从第 1 片真叶到第 5 片叶子展开历时约需 30 天。

5. 再约 10 天后第一朵雌花开放，其后南瓜植株生长加快，每天可长 4 ~ 5 厘米。

6. 南瓜为异花授粉，阳台栽培需人工授粉，授粉时只需将雄花对一下雌花即可，图的左部为雄花右部为雌花。

7. 从第一朵雌花开放到果实成熟需 50 ~ 60 天，全部生长期约需 100 ~ 110 天。南瓜也需要搭架引蔓，引蔓的方法同黄瓜。

8. 生长期间注意肥水管理，第一个瓜坐住后，可加大肥水。待瓜柄上开始出现龟裂纹，果实着色均匀，果实变硬并着生蜡质层后，表明果实成熟可以采收。

营养知识：

南瓜含有丰富的果胶，果胶有很好的吸附性，能消除体内细菌毒素和其他有害物质，如重金属中的铅、汞和放射性元素。南瓜所含果胶还可以保护胃黏膜，免受粗糙食品刺激，促进溃疡愈合，适宜于胃病患者。

南瓜含有丰富的钴，钴能活跃人体的新陈代谢，促进造血功能，并参与人体内维生素 B_{12} 的合成，是人体胰岛细胞所必需的微量元素，对防治糖尿病、降低血糖有特殊的疗效。

健康吃 南瓜的果肉和种子均可食用，花也可以食用。用老熟的南瓜煮粥，是最适于老年人的滋补佳品。

南瓜粥

苦瓜

科属：葫芦科苦瓜属

难易指数：★★★☆☆

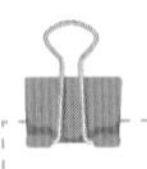

植物小故事

苦瓜原产亚洲热带地区，广泛分布于热带、亚热带和温带地区，在印度和东南亚栽培历史很久。苦瓜传入中国的时间约在北宋时期（公元960～1127年），当时被称为“锦荔枝”，到南宋才有苦瓜一称。至元代，苦瓜已有较多栽培，并由南方传入到北方。日本的苦瓜即由中国传入。苦瓜传入欧洲约在17世纪，但欧洲人因其味苦多作观赏用。

栽培要点：

1. 播前将种子浸泡于55～60℃的热水中，并不断地搅拌，使种子受热均匀。10～15分钟后，将水温降至30℃左右，继续浸泡8小时，然后装入透气布袋中，放在25～30℃的地方催芽。85%的种子发芽后即可播种。

2. 丝瓜栽培需用较大的容器，容器内的基质厚度不低于30厘米。播种前将基质用水浇透。将发芽的种子按30厘米间距摆放在基质上，覆盖3厘米厚的基质。浇水保湿。

3. 长有3片真叶时追施有机肥，以利于幼苗生长，以后依苗情适量施肥。

4. 苦瓜抽蔓后应及时吊蔓，当主蔓长至30～35厘米时开始绑蔓，以后每隔4～5节绑蔓一次。当主蔓出现第一朵雌花后开始整枝，每枝留2～3个侧枝，并及时摘除多余卷须。

5. 坐瓜后加强肥水管理，15天左右追施一次有机肥。保证肥水的供给，防止植株早衰。

6. 苦瓜采收成熟度不严格，嫩瓜、老瓜均可食用，一般采收中等成熟瓜。

7. 老熟的苦瓜可以取得种子之用。

营养知识：

苦瓜营养丰富，所含蛋白质、脂肪、碳水化合物等在瓜类蔬菜中较高，特别是维生素C的含量，每百克高达56毫克，居瓜类之冠。苦瓜含有较多的脂蛋白，可促进人体免疫系统抵抗癌细胞，经常食用可以增强人体免疫功能。苦瓜有苦味，是由于它含有抗疟疾的喹宁，喹宁能抑制过度兴奋的体温中枢。因此，苦瓜具有清热解毒的功效。

健康吃

清炒苦瓜的做法比较简单，夏季多吃些清炒苦瓜，可以清热败火、降血糖，还能帮助减肥。将苦瓜劈成两半，去掉种子，斜刀切段，炒勺内放少许油，油热后放入辣椒略煸炒后放入切好的苦瓜，大火略微翻炒即可装盘。

清炒苦瓜

丝瓜

科属：葫芦科丝瓜属

难易指数：★★★☆☆

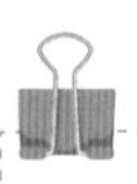

植物小故事

丝瓜起源于热带亚洲。分布在亚洲、澳洲、非洲和美洲的热带和亚热带地区。中国历史上最早关于丝瓜的记载应为宋代杜北山的《咏丝瓜》："寂寥篱户入泉声，不见山容亦自清；数日雨晴秋草长，丝瓜沿上瓦墙生。"这说明丝瓜最迟应该在北宋或者五代时期就已引进。丝瓜约在16世纪初从中国传入日本，传入欧洲的时间大概在17世纪40年代。

栽培要点：

1. 丝瓜较喜高温，低温下幼苗生长缓慢，采取直播栽培。播种前先催芽，将种子浸泡8～10小时，取出后用湿布包好，放在温暖处，经2～3天发芽后播种。

2. 丝瓜移栽成活率较低，采用直播方式栽培。栽培需用较大的容器，容器内基质厚度不低于30厘米。播种前将基质用水浇透。将发芽的种子按30厘米间距摆放在基质上，覆盖2厘米厚的基质。用木板压实，浇水保湿。

3. 丝瓜在苗期每 10 天追肥 1 次。

4. 结果期每采收 1 ~ 2 次，追肥 1 次。

5. 适时进行人工引蔓、绑蔓，引蔓方式同黄瓜。丝瓜主蔓生长势强，雌花多，结果早，为了促使主蔓生长，引蔓前应及时摘除雄雌花、卷须，节省养分消耗。留主蔓结瓜。盛果期，摘除过密的老黄叶和多余的雄花。

6. 丝瓜以食用嫩瓜为好，花谢后即可采收。

7. 老的丝瓜瓜瓤可作为洗涤工具。

营养知识：

丝瓜含有防止皮肤老化的 B 族维生素及增白皮肤的维生素 C 等成分，能保护皮肤、消除斑块，使皮肤洁白、细嫩，是不可多得的美容佳品，故丝瓜汁有“美人水”之称。女士多吃丝瓜还对调理月经有所帮助。

健康吃

“老油条炒丝瓜”是有名的杭帮菜，只需 2 根油条、2 根丝瓜即可炒出一盘色香味俱佳的居家美味佳肴。

老油条炒丝瓜

樱桃番茄

科属：茄科番茄属

难易指数：★★★★☆

植物小故事

番茄原产南美洲西部沿岸的高地，包括今日的秘鲁、厄瓜多尔、玻利维亚等国。西班牙的赫南·科特斯于1532年征服墨西哥之后将其带回国。番茄约在17世纪中叶由传教士带入中国，1708年成书的《广群芳谱》最早记载了番茄。至清光绪年间，北京农事试验场（现北京动物园一带）开始种植番茄。樱桃番茄是一种小型番茄，由国外引进。

番茄在早期又称为“狼桃”，据说吃了会长出狼的头。

栽培要点：

1. 樱桃番茄采用育苗移栽种植，其生长的适宜温度为 18 ~ 23℃。樱桃番茄种子呈扁平圆形，种子表面有绒毛，千粒重 2.7 ~ 3.3 克。播种前将种子用温水浸种 6 ~ 8 小时，浸种后用湿布将种子包好，放在 25 ~ 27℃温度处催芽，2 ~ 4 天可出齐芽。

2. 可用浅容器育苗，容器内放有 5 ~ 6 厘米厚的不掺肥料的基质，浇水，待水渗下后将发芽的种子按 5 厘米见方的距离码放在基质上，覆盖 1 厘米厚的基质，镇压后浇水保湿。

3. 4 ~ 5 天可出齐苗，之后长出真叶。

4. 将番茄苗移入较大一点的栽培容器中。此时的栽培基质中应掺有少量的有机肥料，每个容器中移入 2 ~ 3 株幼苗，移入后浇水。长到 3 片真叶时，根据种苗的生长情况，保留一株健壮的苗。

5. 将番茄苗移入更大的栽培容器中，完成最后的定植。定植后浇透水，然后停止浇水。

6. 直到第一穗果挂果后再开始浇水施肥。及时吊绳或用螺旋架引蔓。每 5 ~ 7 天浇一次水，10 ~ 15 天追一次肥。及时除去侧枝，以免消耗植株养分。

7. 果实全红后即可采收。

营养知识：

番茄红素是成熟番茄的主要色素，在类胡萝卜素中，它具有最强的抗氧化活性。番茄红素清除人体内自由基的功效远胜于其他类胡萝卜素和维生素 E，其淬灭单线态氧的速率常数是维生素 E 的 100 倍，是迄今为止自然界中被发现的最强抗氧化剂之一。番茄红素不仅具有抗癌抑癌的功效，而且对于预防心血管疾病、动脉硬化等各种成人病、增强人体免疫系统以及延缓衰老等方面都具有重要意义。

健康吃 樱桃番茄作为水果生食最佳。

鸡蛋茄

科属：茄科茄属

难易指数：★★★★☆

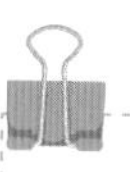

植物小故事

茄子古称“枷子”，汉代扬雄作《蜀都赋》有：“盛冬育笋，旧菜有伽”之句。表明当时在蜀中已引入叫“伽”的新型蔬菜。唐代中叶，将茄子称为“落苏”，意为熟食茄子如同品尝“酪酥”一样绵软可口。明代李时珍在《本草纲目》中将茄子列为菜部中果菜首位，至此，茄子称谓最终定为正名。

鸡蛋茄是众多茄子品种中的一种，主要作为观赏蔬菜。

栽培要点：

1. 鸡蛋茄种子千粒重约 3.5 克，采用育苗栽培。

2. 种子在 30℃左右的温水中浸泡 6 ~ 8 小时，洗净种皮上的黏液，用干净的湿毛巾或纱布包好放在 25 ~ 30℃黑暗的地方催芽，待到 60%左右的种子"咧嘴"时即可播种。

3. 播种前浇足底水，水渗下后用基质土薄撒一层，均匀撒播种子。播后覆盖基质土 0.8 ~ 1.0 厘米。白天温度维持在 30℃左右，夜间保持在 23 ~ 25℃。

4. 在幼苗 3 ~ 4 片叶展开，叶片平展，叶色绿，节间短，株高 6 ~ 7 厘米时移苗定植。

5. 定植后浇足水，白天温度保持在 22 ~ 25℃，夜间 15 ~ 18℃，使秧苗健壮生长。浇水以满足秧苗对水分的需要为原则，通过观察秧苗长势和表土水分情况酌情处理。当表土已干，中午秧苗有轻度萎蔫时，应选晴天上午适当浇水。在秧苗正常生长的情况下以保持见干见湿为原则。

6. 鸡蛋茄开的花为淡紫色，很漂亮，可作为观赏盆栽。

7. 开花结果后保证足够的水分，结合浇水每 15 天追一次有机肥。株高 50 厘米左右掐去顶部生长点，保留 3 ~ 4 个枝条。

8. 当萼比果实连接处的白色或浅绿色环状条带趋于不明显或正在消失时，就可以采收果实。

营养知识：

维生素 P 是类黄酮一类物质中的一种，在自然界中总和维生素 C 同时存在，好似伴侣。茄子中维生素 P 的含量很高，每 100 克茄子中含维生素 P 750 毫克，这是许多蔬菜水果所望尘莫及的。维生素 P 能增强人体细胞的黏着力，增强毛细血管的弹性，降低毛细血管的脆性及渗透性，防止微血管的破裂出血，使血小板保持正常功能，并有预防坏血病以及促进伤口愈合的功效。常吃茄子对高血压、动脉粥样硬化、咯血、紫癜及坏血病等有一定预防作用，还可以预防老年人皮肤上出现的老年斑。

健康吃 说起茄子的吃法，最有名的应算《红楼梦》中“茄鲞”的做法。“茄鲞”是道美味，但做起来过于麻烦。其实素烧茄子、土豆熬茄子、凉拌茄泥等均有独特的风味。美味佳肴好，粗茶淡饭更好。但对于洁白如玉、圆润光滑的鸡蛋茄，大有看之不够、食之不忍之心。自己种出如此美丽的鸡蛋茄，还是留着观赏吧。

香艳茄

科属：茄科茄属

难易指数：★★★☆☆

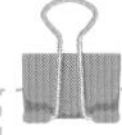

植物小故事

香艳茄原产于南美洲，安第斯山脉、秘鲁等地自古就有栽培。新西兰、澳大利亚等地将其作为亚热带水果栽培。香艳茄在民间被称为人参果，一度在北方成为热门稀有蔬菜。山东、河北、广东、云南等地均有栽培，是一种果蔬两食的果实。

栽培要点：

1. 香艳茄种子细小，呈浅黄色，千粒重约0.8克，采用种子直播、育苗栽培。播种前，浸种2～4小时，而后用纱布包裹，置于25℃条件下催芽，发芽后播种。

2. 容器内盛放有5～20厘米厚的基质，播前浇透水，水渗下后进行撒种，后覆基质0.5厘米，马上扣塑料薄膜，保持温度白天20～28℃，夜间15～20℃。苗期一般每7～10天浇一次水。

3. 3～4片叶时进行间苗，苗间距10厘米左右。

4. 一般苗期70天即可进行定植，定植用的容器较育苗的容器大，基质厚度在25厘米以上。定植深度比原来苗入土的深度略深些，定植后立即浇水。

5. 第一花序坐果后浇第一次大水。结合浇水追第一次有机肥，以后保持土壤见干见湿，每5～7天浇一次水，每浇两次水追一次有机肥。

6. 植株不断生长，每10天绑蔓一次。绑蔓时把侧枝均匀地绑缚在支架上，以利通风透光。

7. 香艳茄一般周年采收一次，成熟时果实具有紫红条纹，底色为金黄色，即可采摘。

营养知识：

香艳茄含有可控制癌症的钼元素和可防止心血管疾病的钴元素，长期食用有一定的保健功效。

健康吃 香艳茄以浆果供食用。成熟浆果爽甜清香，柔软多汁，风味独特。可生食亦可熟食，嫩果可做多种菜肴。在温度保持4℃以下时，可贮藏40～50天。

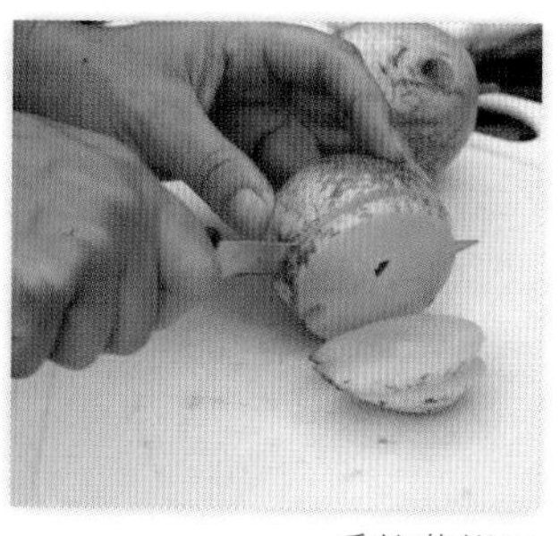

香艳茄鲜果

五彩椒

科属：茄科辣椒属

难易指数：★★★☆☆

植物小故事

辣椒原产于中南美洲热带地区，现在栽培的辣椒和甜椒的祖先是产在中南美洲的一种“野生辣椒”。考古学家在墨西哥的特瓦茨发现了公元前5000年的辣椒种子化石，并证实早在7000年前，美洲的阿兹特克人已开始栽培辣椒。五彩椒是椒中之珍品，也是一种优良的盆栽观果花卉，同株果实有绿、黄、白、紫、红五色，鲜艳夺目，具有光泽，点缀于绿叶之中玲珑可爱，是集食用、药用、观赏于一体的植物。

栽培要点：

1. 五彩椒种子千粒重约3克，播种前将种子用温水浸种6～8小时，浸种后用湿布将种子包好，放在25～27℃温度处催芽，5～6天可出齐芽。

2. 五彩椒采用直播栽培。栽培容器口径在20厘米左右，深度在25厘米以上即可。容器内基质厚度在20厘米左右，浇透水。待水渗下后将发芽的种子按5厘米的间距码放在基质上，覆盖1厘米厚的基质，镇压后浇水保湿。4～5天可出齐苗，长出真叶。

3. 长到 4 片真叶时，将五彩椒苗移到较大的栽培容器中。

4. 苗长至 20 厘米高时摘心，以增加分枝。追肥不宜过多，以免枝叶徒长。

5. 五彩椒性喜阳光，每日需给予 4 小时以上的直射阳光，应放置在阳光充足的地方。如果光线太暗，植株将不会开花。

6. 为使花多果盛，始花期追施一次有机肥。在开花期，浇水不宜过多过勤，以免落花。浆果发育和成熟期，应保持盆土潮润。

7. 五彩椒以观果为主，温度适宜，养护得当，可不断开花，春季盆栽的植株观果期往往可延长到新年。

营养知识：

五彩椒含有较丰富的胡萝卜素、维生素 C 和辣椒素，所含辣椒素含量是普通辣椒的 10 倍。辣椒素有抗氧化作用，可以有效延缓动脉粥样硬化的发展及血液中脂蛋白的氧化。辣椒素能刺激心脏加快跳动，使血液循环加速，有活血的功效，有助于降低心脏病的发生。辣椒素可促进肾上腺分泌儿茶酚胺，具有抗菌作用。对风湿性关节炎、骨关节炎和慢性鼻炎等有良好的治疗效果。

健康吃

辣椒作为一种调味品，可用在多种菜肴的烹饪中。尤其是川菜，更离不开辣椒。五彩椒形态优美、色彩丰富，尽管辣味十足，可以食用，但多作为观赏蔬菜栽培。观赏五彩椒带来的欢愉，并不亚于食用的乐趣。

用于观赏的五彩椒

酸浆

科属：茄科酸浆属

难易指数：★★★☆☆

植物小故事

酸浆俗称“红姑娘”，原产中国和南美洲。常生长在村旁、路边及山坡荒地。公元前300年的古籍《尔雅·释草》中已有著录，称其为“葴”，并注有：“葴，酸浆也”。其后历代本草多有收载，晋代崔豹《古今注》中称酸浆为“苦葴”，载有：“苦葴始生青，熟则赤。里有实，正圆如珠。”故又被称为“洛神珠”。

栽培要点：

1. 酸浆萼内的浆果为橙红色，直径 1.5 ~ 2.5 厘米，单果重 2.5 ~ 4.3 克。每个果内含种子 200 多粒，种子呈肾型，淡黄色，长约 0.2 厘米，千粒重 1.12 克。

2. 先将种子用 45℃的温水浸泡 10 分钟，然后用清水浸种 12 小时，捞出放在 20 ~ 30℃的温度条件下催芽。80% 的种子发芽后进行播种。撒种后覆盖基质 0.5 ~ 1 厘米，蒙上塑料薄膜保湿，白天保持 20 ~ 25℃，夜间 10 ~ 15℃。

3. 出苗后进行间苗，间除过密、并生、伤残弱苗，苗间距在 10 厘米左右。苗期保持基质土见干见湿，7 ~ 10 天浇一次水。

4. 秧苗第一朵花初开时为定植适期。仔细起苗，将秧苗移入到较大的栽培容器中。每个容器中栽植一株，浇透水。定植缓苗后，结合浇水追催苗肥。

5. 植株生长期保持土壤湿润，每 5 ~ 7 天浇一次水，夏季每 3 ~ 5 天浇一次水。为防止植株倒伏，一般用竹竿插入土中进行支撑。及时进行整枝打杈，每株保留 4 ~ 5 个主干向上延伸，并将余侧枝摘除。

6. 果实成熟时，果外宿花萼红色，果实圆润饱满，即可采收。

营养知识：

酸浆果实中含少量生物碱，对绿脓杆菌、金黄色葡萄球菌有抑制作用。酸浆所含的木樨草素葡萄糖苷味苦，性温，有祛痰、止咳、平喘的功能。

健康吃 酸浆宜作为水果生食。

草莓

科属：蔷薇科草莓属

难易指数：★★★☆☆

植物小故事

草莓原产亚洲、欧洲和美洲，有 10 余个品种。中国在 15 世纪前已经开始栽培野生草莓，18 世纪中叶从英、法等国引进栽培种，20 世纪初叶引进大果型草莓，从 20 世纪 50 年代以后，又先后从波兰、比利时以及美国等国引进了一些新品种，现在南北各地的栽培面积逐年增加。

栽培要点：

1. 草莓繁殖通常采用匍匐茎分株的方法。当草莓采收后6月份的时候，草莓植株生出大量匍匐茎，将匍匐茎引向空隙，在茎节培土，使新苗扎根成苗。

2. 每条匍匐茎上留取靠近母株的 1 ~ 2 个发育好的幼苗，精心管理，培育成壮苗。秋季定植前 20 天，将幼苗与母株间的匍匐茎剪断。

3. 个人阳台栽培以购买草莓苗最好。购买草莓苗时应选择心叶充实，根茎粗、白根多、具有 5 片叶子以上的壮苗。市场出售的草莓苗以“红颜”、“章姬”两个品种为多。

4. 将草莓苗栽植在装有基质的容器中，基质层厚度在 25 ~ 30 厘米。栽植时以压实不露根为宜，栽植后立即灌水，并及时松土、培土，保证根系正常生长。定植后每天视基质湿度掌握灌水次数。

5. 草莓 4 月下旬开始陆续开花，同时生长旺盛，因此养分的需求强烈，在开花前要随灌水追施有机肥。

6. 注意坐果期灌水量不要过大，防止果实霉烂。

7. 果实变红应及时采收。

营养知识：

中医学认为，草莓性凉味酸，具有润肺生津、清热凉血、健脾解酒等功效。其所含的胡萝卜素是合成维生素 A 的重要物质。草莓还含有一种叫天冬氨酸的物质，可以减肥和美容。女性常吃草莓，对皮肤、头发均有保健作用。

健康吃 草莓果肉多汁，酸甜可口，香味浓郁，不仅色彩艳丽，而且还有一般水果所没有的宜人的芳香，是水果中难得的色、香、味俱佳者，因此常被人们誉为“果中皇后”。

PART 7

自然界里的青春奥秘

活力健体蔬菜

生物活性物质是指含微量或少量，但对生命现象具有重要影响的一类物质，包括类黄酮、类胡萝卜素、花色苷、有机硫化物、皂苷等一系列化合物。这些物质对预防和治疗当代多发的心脏病、糖尿病、高血压等多发慢性疾病有重要作用。葱、姜、蒜、韭菜、羽衣甘蓝、樱桃萝卜、芥蓝、胡萝卜等含有丰富的有机硫化物、芥子油、胡萝卜素等一系列生物活性物质，是一类强身健体的蔬菜。

韭菜

科属：百合科葱属

难易指数：★★★★☆

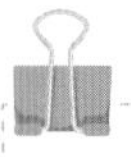

植物小故事

韭菜原产中国。两千多年前的地理著作《山海经》曾多处记载河北、陕西“山野多韭”。至今华北、西北、东北等地山野中仍有野生韭菜的分布。韭菜在中国很早就被栽培利用。《说文》载：“韭，菜也。一植而久生者也，故谓之韭。象形，在一之上。一，地也。凡韭之属皆从韭。”

栽培要点：

1. 韭菜采用育苗移栽栽培。韭菜种子千粒重为 4 ~ 5 克，用干籽直播，栽培容器中放置 25 ~ 30 厘米厚的基质，浇透水，将种子均匀撒播在基质上，覆盖种子后镇压。

2. 韭菜种子种皮坚硬，不易吸水，发芽缓慢，只有保持土壤湿润才能正常出苗。播种后浇小水，加盖地膜保湿。小水勤浇，3 ~ 4 天浇一次水。

3. 发芽后及时揭去地膜，以防膜下高温造成伤苗。出苗后保持土壤湿润。

当苗高 4 ~ 6 厘米时及时浇水，以后每隔 5 ~ 6 天浇一次水。

4. 当苗高 10 厘米时每亩随水追施有机肥。刚生长出的韭菜，十分细弱，只有当营养物质逐渐在鳞茎和根系中贮藏，鳞茎和根系变得粗壮后，才能长出粗壮的韭菜。

5. 当鳞茎和根系长到粗壮时，韭菜进入快速生长期，应加强肥水管理。苗高 35 厘米，长有 4 ~ 5 片叶时即可收割。每次收割完 2 ~ 3 天后浇水追肥。每刀韭菜相隔 25 天左右。

6. 韭菜宜在晴天早晨收割。留茬 2 ~ 3 厘米。收割后及时疏松基质表面，韭菜萌发长有 8 ~ 10 厘米时，伤口已经愈合，即可追肥浇水。

7. 养护好的韭菜根，可以连续收割 2 ~ 3 年。

营养知识：

韭菜所具有的辛香味，来自有机硫化物——硫化丙烯。硫化丙烯具有香辛气味，可增进食欲，春吃韭菜可增强人体的脾胃之气，帮助人体吸收维生素 B 及维生素 A。有机硫化物具有一定的杀菌消炎作用，可提高人体免疫力并能降低血糖，对糖尿病、冠心病、高脂血症等病症均有较好的防治作用。除此之外，硫化丙烯还可使体内祛除致癌物的酵素活性增强，可抑制胃肠道细菌把硝酸盐转化为亚硝胺，阻断致癌过程。食用含有硫化物的韭菜有益身体健康。

韭菜鸡蛋饼

健康吃

韭菜可清炒，也可与鸡蛋、肉丝或豆芽同炒，或荤或素，味道同样鲜美。“咬春”之日必不可缺的“黄鸟钻翠林”，就是春韭炒“黄豆嘴”，色香味俱全，菜名俏丽。韭菜做馅尤为大众所爱，无论水饺、包子，还是馅饼、春卷，猪肉韭菜馅解馋，鸡蛋韭菜馅鲜美。

韭黄

科属：百合科葱属

难易指数：★★★★☆

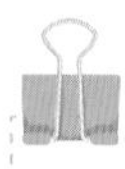

植物小故事

中国最早的温室建立在汉代，当时已有温室栽培韭菜。北宋时已有韭黄生产，韭黄应该是最早的软化栽培蔬菜。韭黄栽培是使韭菜根茎处于适宜的温度、湿度及黑暗的条件下，依靠自身贮藏的养分生长，在形不成叶绿素的情况下，生产出肥嫩可口、颜色淡黄、纤维素极少、质地柔嫩的韭菜植株——韭黄。

栽培要点：

1. 选用二年生的健壮、只收割过 1 ~ 2 刀的韭菜，割去上面的韭菜，只留根茬。用竹棍、木条等在栽培容器上支起一个 50 厘米高的架子，用以支撑黑塑料膜，形成一个不透光的罩子。

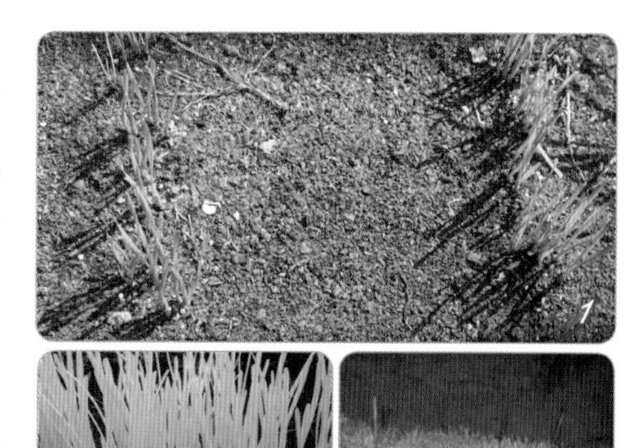

2. 待伤口愈合后，浇透水。2 ~ 3 天后用黑塑料膜盖住留有根茬的韭菜根，使新长出的韭菜苗在不见光的环境中生长。保持温度在 20℃左右，湿度在 60% ~ 70%，以满足韭黄健壮生长的需要。

3. 韭黄长到 30 厘米即可收割。如根系健壮，贮存营养充足，可连续盛产 2 茬。

营养知识：

韭黄是韭菜在不见光的环境中生长出的蔬菜产品，质地柔嫩，有独特的风味品质。但从总的营养角度分析，韭黄的营养价值不如韭菜。

健康吃

韭黄的食用方法和韭菜大致相同，韭黄炒鸡蛋、韭菜炒肉丝均是一种大众化的菜肴。

韭黄炒鸡蛋

细香葱

科属：葱科葱属

难易指数：★★★★☆

植物小故事

细香葱的起源地域十分广，从北极圈到欧、亚、美三洲的北温带地区都曾发现过野生种群。但现在无法找到细香葱最早种植的确切年代。细香葱的植株丛生，叶长 30 ~ 40 厘米，淡绿色，细长呈筒形。有特殊的香味，可作香辛调味料。因其食用部位的外观似“小葱”而又具香气，故称“细香葱”。细香葱常年均可生长，因而又有“四季葱”的美名。

栽培要点：

1. 细香葱的适应性较广，一年四季均可种植，采用直播栽培。选用的种子发芽率要达 75% 以上，发芽率低于 50% 的种子不宜作种用。

2. 在 4 ~ 5℃的气温条件下，细香葱种子即可萌动，发芽的适温为 13 ~ 20℃，生长的适温为 15 ~ 25℃。

3. 细香葱生长期要浅水勤灌，既不能受旱，也不能受渍。一般 10 ~ 15 天浇一次水。随水施一次有机肥。

4. 细香葱生育期短、直播苗 60 ~ 80 天即可食用。

5. 细香葱在开花结籽前可随时采收。

营养知识：

细香葱的嫩叶具有葱的芳香气味，其挥发成分主要为巴豆醛和多种硫化物。有助消化、解热、通便的作用。

健康吃

阳春面的清汤白面看似无味，实际上精华都在葱油里，所以要想做好一碗阳春面，细香葱和猪油必不可少。

忘不了的阳春面

软化姜芽

科属：姜科姜属

难易指数：★★☆☆☆

植物小故事

姜在中国自古就有栽培，湖北江陵战国墓葬、湖南马王堆汉墓的陪葬物中都有姜。吕不韦（？～公元前325年）所著《吕氏春秋》中《本味篇》有“和之美者，杨朴之姜。”书中所指“杨朴”即在今日四川。姜有多种用途，清代吴其浚在《植物名实图考》中有：“姜为和、为蔬、为果、为药，用芽、用老、用干、用泡、用汁，其为用甚广。”

1. 软化姜芽是在没有光照条件下培育出的体芽菜。生产姜芽的姜应选择姜块肥大、丰满、皮色光亮、肉质新鲜、不干缩、不腐烂、未受冻、质地硬、已发芽的姜块。

2. 选择深度在 30 厘米以上的栽培容器（如木箱），在箱底铺放 5 厘米厚的水洗河沙，浇透水。待水渗下后，将姜块的芽朝上紧密排列在容器底部。

3. 盖上 15 ~ 20 厘米厚的潮湿细沙，用竹棍、木条等在栽培容器上支起一个 30 厘米高的架子，用以支撑黑塑料膜，形成一个不透光的罩子。

4. 也可不用遮光，这样生成的姜芽偏硬、偏绿。如下图。

5. 生长温度保持在 28 ~ 30℃。在适宜的温度、湿度条件下，30 ~ 40 天大部分芽苗长至伸出覆盖沙土时，即可采收姜芽。

6. 采收时将沙土倒出，掰下姜芽的老姜仍可食用。

营养知识：

人体在进行正常新陈代谢时，会产生一种有害物质——氧自由基，它与癌症和衰老关系密切。生姜中的姜辣素进入体内后，能产生一种抗氧化酶，它有很强的对付氧自由基的本领，比维生素 E 还要强得多。所以，吃姜能抗衰老，老年人常吃生姜可防治“老年斑”。

健康吃 姜具有嫩、鲜、香、脆的特色，姜芽炒肉丝极为香辣可口。

姜芽炒肉丝

蒜苗

科属：百合科葱属

难易指数：★★☆☆☆

植物小故事

大蒜原产于欧洲南部和中亚。最早在古埃及、古罗马和古希腊等地中海沿岸国家栽培，当时仅作药用。西晋张华《博物志》载："张骞使西域得大蒜"。由此推论中国栽培大蒜已有2000多年历史。民间自古有用大蒜生蒜苗的习俗，蒜苗是大蒜幼苗发育到一定时期的青苗，它具有蒜的香辣味道，以其柔嫩的蒜叶和叶梢供食用。

栽培要点：

1. 每当新蒜上市时，家里总要贮存一些大蒜，以备不时之需。大蒜在第2年立春前1个月左右的时候，就要发芽，这时是家庭阳台栽培蒜苗的最好时间。蒜苗栽培极为简单，一般有基质栽培和水培两种方法。

2. 选择一个深度在5厘米以上的栽培容器，里面装4厘米左右的基质。将快要发芽的大蒜头剥成蒜瓣，蒜瓣芽尖朝上埋入基质中，芽尖稍露出基质面即可。将基质浇湿，放在阳光充足的地方。温度保持在25℃左右，基质保持湿润，20天后即可长出鲜嫩的蒜苗。

3. 水培方法更为简单，将即将发芽的大蒜头剥成蒜瓣，蒜瓣芽尖朝上，紧密地码放在浅底的容器中。放上水，水深到蒜瓣的1/2处，温度保持在25℃左右，注意每日加水。20天后即可长出鲜嫩的蒜苗。

4. 蒜苗的生长，完全依靠蒜瓣贮存的营养，整个生长过程中不需外来的养分。它和姜芽一样是一种体芽菜，生长中只需水分、阳光，是实实在在的有机、绿色食品。蒜苗长到20厘米高时，根据需要即可收割。剪割时在蒜苗基部留有1厘米，以利于再生长一茬。

营养知识：

蒜苗的辣味主要来自其含有的大蒜辣素，这种辣素具有明显的降血脂及预防冠心病和动脉硬化的作用，并可防止血栓的形成。它能保护肝脏，诱导肝细胞脱毒酶的活性，可以阻断亚硝胺致癌物质的合成，从而预防癌症的发生。

健康吃 回锅肉是闻名遐迩的川菜，如果在炒回锅肉时添加进蒜苗，肥瘦相间的五花肉香融合了蒜苗的清香异常美味，尤其是自己亲手栽培的蒜苗，绝对是让你流连忘返的佳肴。

蒜苗炒回锅肉

芥蓝

科属：十字花科芸薹属

难易指数：★★★☆☆

植物小故事

芥蓝古称蓝菜。据文献记载，早在公元7世纪的初唐时期就已见到有关芥蓝的著录，清代人吴震方所著《岭南杂记》记载：佛教禅宗六祖慧能法师(公元638～713年)早年未出家时曾在广东地区以打猎为生。为了奉养老母，他便在做饭的锅里用“芥蓝”把荤腥和野菜分开，自己只吃素食。因此“芥蓝”得到“隔蓝”的异称。芥蓝品种中以白花芥蓝的品质最为柔软甘美，南方地区可常年供应。史载孙中山先生生前就很喜欢食用芥蓝。

栽培要点：

1. 芥蓝根系再生能力强，适合于育苗移栽。种子近圆形，呈黑色或褐色，千粒重3.5 ~ 4克。将种子均匀撒播在装有基质的育苗容器内，覆盖厚约1厘米的基质土。覆土要均匀，切忌过厚。用手将基质拍平，浇透水，出苗前用喷壶洒水，保持基质湿润，以利于幼苗出土。

2. 芥蓝播种后3 ~ 4天即可出苗，7 ~ 10天子叶展开，并显露真叶。

3. 注意及时间苗，留强去弱，6~8厘米留苗1株。幼苗长到3~4片真叶时，追施有机肥，利于茎粗叶大，培育壮苗。

4. 播种后25 ~ 30天，当幼苗长至5片真叶时，将幼苗定植到装有20厘米厚基质的栽培容器中。每株间距15厘米左右，浇缓苗水，温度控制在25 ~ 26℃。每15天追施一次有机肥。花苔形成期应保持基质湿润。

5. 芥蓝以苔茎粗大、节间较长、苔叶少而细嫩为优质产品。主花苔长至与叶相同高度时，应及时采收，采收时保留4 ~ 5片绿叶。主苔采收后，加强肥水管理，还可采收3 ~ 5个侧苔。

营养知识：

芥蓝中的胡萝卜素、维生素 C 含量很高，并含有丰富的硫代葡萄糖苷，它的降解产物叫萝卜硫素，是迄今为止所发现的蔬菜中最强有力的抗癌成分，经常食用还有降低胆固醇、软化血管、预防心脏病的功能。

健康吃

芥蓝以肥嫩的花苔和嫩叶供食用，质脆嫩、清甜。由于茎粗壮直立、细胞组织紧密、含水分少、表皮又有一层蜡质，所以嚼起来爽而不硬、脆而不韧。苏东坡曾写诗赞美曰：“芥蓝如菌蕈，脆美牙颊响”。芥蓝的食用以清炒最佳。

清炒芥蓝

羽衣甘蓝

科属：十字花科芸薹属

难易指数：★★★★☆

植物小故事

羽衣甘蓝是更接近野生甘蓝的一种甘蓝类蔬菜，因其叶片边缘为羽状深裂，有羽毛之感，故被誉称为“羽衣甘蓝”。早在公元13世纪结球甘蓝出现以前，羽衣甘蓝在地中海沿岸地区就已被驯化，并为人们所栽培食用。清代末期，羽衣甘蓝从欧洲的荷兰引入中国。最初在北京西郊的农事试验场（现北京动物园一带）落户，20世纪后期，羽衣甘蓝在北京和上海等大中城市有了较多的栽培，尤其是观赏羽衣甘蓝，品种更为丰富。

栽培要点：

1. 羽衣甘蓝叶色深绿，也有彩色羽衣甘蓝，十分美丽。羽衣甘蓝种子千粒重 3 ~ 5 克，采用育苗移栽。

2. 在栽培容器中装入基质，种子干播，播种深度为 0.5 ~ 1.0 厘米，覆盖基质，浇透水，羽衣甘蓝种子发芽适温为 25 ~ 28℃。

3. 播种后保温保湿，子叶展开后进行间苗。

4. 在长至二叶一心后，结合浇水施一次有机肥，播种后 40 天左右，达到 5 ~ 6 片真叶时，即可进行定植。

5. 定植后应浇定植水，温度最好控制在 25 ~ 20℃。一周后浇缓苗水，浇过缓苗水后就要适当控水蹲苗。

6. 羽衣甘蓝进入旺盛生长期后，以基质保持潮湿为原则进行浇水。

7. 每 15 ~ 30 天追一次有机肥，及时打掉下边的黄叶、老叶，一则减少养分消耗，另外也有利于通风透光，使用新一轮的光合叶片制造营养，保证植株旺盛生长。

8. 羽衣甘蓝的食用部分为嫩叶，嫩叶收获标准为 10 ~ 15 厘米，颜色较浅。可随时采收，收获时只保留上部 5 片功能叶。

营养知识：

羽衣甘蓝维生素 C 含量极高，微量元素硒的含量为甘蓝类蔬菜之首，具有较强的抗氧自由基的能力。其富含的有机硫物质，具有抗癌的功效，是一种具有高营养价值的新型食疗蔬菜。

健康吃 羽衣甘蓝嫩叶可炒食、凉拌、做汤，在欧美地区多用它配上各色蔬菜制成沙拉。用其做馄饨或饺子馅，味道也十分鲜美。

甘蓝馄饨汤

樱桃萝卜

科属：十字花科萝卜属

难易指数：★★★☆☆

植物小故事

中国为萝卜的原产地，栽培萝卜的历史悠久。公元前300年成书的《尔雅》便对萝卜有明确的释意，称之为“葖”；北魏贾思勰所著《齐民要术》中已有萝卜栽培方法的记载；“萝卜”一名最早见于元代，《王祯农书》载：“芦葩一名莱菔，又名雹葖，今俗呼萝卜”；至明代，萝卜的称谓得到李时珍的确认，从此萝卜一名一直沿用至今。日本的萝卜是由中国传入的，日语萝卜古称カヲノ，即有“唐物之意”。

萝卜在世界各地均有种植，欧美等地以栽培小型萝卜为主，樱桃萝卜是一种小型萝卜，其肉质根圆形，直径2～3厘米，肉白色，根皮红色，单根重15～20克，株高20～25厘米，清脆可口。

栽培要点：

1. 樱桃萝卜采用直播栽培。种子黑褐色，千粒重 10 克左右。

2. 栽培容器中放入 15 ~ 20 厘米厚掺有有机肥的基质，浇透水。待水渗下后，将种子均匀撒播在基质上，覆盖 1 厘米厚的基质进行镇压。

3. 种子发芽适宜温度为 15 ~ 20℃，2 ~ 3 天即可出苗。当子叶展开时即可间苗，除去过密的苗和弱苗，留下子叶正常、生长健壮的苗。

4. 真叶长到 3 ~ 4 片时进行定苗，苗间距在 3 ~ 5 厘米。

5. 保持基质湿润，不可过干或过湿，浇水要均衡。若幼苗长势不良，有缺肥症状，可随时浇水并施少量有机肥。

6. 樱桃萝卜的生长期一般为 30 天左右，当肉质根美观鲜艳、直径达到 2 厘米时即可收获。

营养知识：

萝卜含有能诱导人体自身产生干扰素的多种微量元素，可增强机体免疫力，并能抑制癌细胞的生长，对防癌、抗癌有重要意义。萝卜中的芥子油和膳食纤维可促进胃肠蠕动，有助于体内废物的排出。常吃萝卜可降低血脂、软化血管、稳定血压，预防冠心病、动脉硬化、胆石症等疾病。

健康吃

樱桃萝卜品质细嫩，清爽可口，有较高的营养价值，而且可以生食、炒食、腌渍和作配菜，深受大众的欢迎。樱桃萝卜以生食为最好。

刚采摘的樱桃萝卜

贝贝胡萝卜

科属：伞形花科胡萝卜属

难易指数：★★★☆☆

植物小故事

胡萝卜起源于近东和中亚地区，在那里已有几千年的栽培历史。在历史上，胡萝卜曾多次被引入中国。汉武帝时张骞通西域后，紫色胡萝卜首先传入我国。到公元13世纪的宋元间，胡萝卜再次沿着丝绸之路传入中国，其后在北方地区逐渐选育形成了黄、红两种颜色的中国长根生态型胡萝卜。

“贝贝胡萝卜”是一种小型的胡萝卜，长约5～6厘米，粗约4～5厘米，可以当水果食用，口感好，形状也很可爱。

栽培要点：

1. 胡萝卜采用种子直播栽培，种子千粒重约 1.5 克。注意胡萝卜种子有刺毛，妨碍种子吸水，且易粘结成团不便播种，所以播种前要将刺毛搓去。

2. 栽培容器中装入 25 ~ 30 厘米厚的基质，浇透水。将种子均匀撒播在基质上，盖 1 厘米厚的基质，拍平。喷湿基质表面。从播种到出苗，应保持基质表面湿润，10 天左右即可出齐苗。

3. 幼苗长到 1 ~ 2 片真叶时进行第一次间苗，除去过密的弱苗，保留健苗，苗距 3 ~ 4 厘米，长至 4 ~ 5 叶时进行定苗。

4. 幼苗期需水量不大，应保持水分适中。进入叶片生长盛期后要适当控制水分，保持地上部与地下部平衡生长。

5. 肉质根肥大期，也是对水分需求最多的时期，应及时浇水，经常保持土壤湿润。除基质掺有肥料以外，在其生长期间应隔 20 ~ 25 天追一次有机肥。

6. 胡萝卜根长到长约 5 ~ 6 厘米，粗约 4 ~ 5 厘米即可收获。

营养知识：

胡萝卜含有大量胡萝卜素，进入机体后，在肝脏及小肠黏膜内经过酶的作用，其中 50% 会变成维生素 A，有助于增强机体的免疫功能，在预防上皮细胞癌变的过程中具有重要作用。胡萝卜还含有降糖物质，是糖尿病患者的良好食品，其所含的某些成分，如槲皮素能增加冠状动脉血流量，降低血脂，促进肾上腺素的合成，还有降压、强心作用，是高血压、冠心病患者的食疗佳品。

健康吃 胡萝卜炖牛羊肉，是很好的选择。先把胡萝卜整根煮熟后，再切块放入锅中与肉一起稍炖几分钟，这样可使胡萝卜中的抗癌物质比先切再煮增加 1/4。

胡萝卜炖牛羊肉

“种菜粉丝”的疑问解答

1. 我们初学者开始应该选种什么菜，可以获得较高的成功率？能否推荐一些高产并且比较好种的蔬菜？

阳台盆栽蔬菜并不难，和在阳台种花差不多。无论是种花还是种菜，多少需要一个摸索的过程。万事开头难，先从容易的着手。初学者最好从种芽苗类蔬菜开始，可以获得100%的成功率。在此基础上，可以种些叶类的蔬菜，如小白菜、空心菜等。在技艺熟练后，便可进行瓜果类蔬菜的种植。

2. 我家的阳台不朝阳，光照比较弱，还能种菜吗？

朝南的阳台光线好，朝北的阳台光照比较弱，可以种水培类蔬菜、芽苗类蔬菜、叶类蔬菜。

3. 有自己配置土壤和施肥水的简便方法吗？听老人说一些厨余可以用来制作肥料，比如淘米水、泡豆水等等，这样有利于蔬菜成长吗？

阳台种蔬菜，营养土和肥料可以到花卉市场去买，由于用量不多，价钱也不高，既经济又实惠。为了满足动手的乐趣，也可以自己配置。如用枯树叶、秸秆等进行粉碎，加一些小粒炉渣，也可在掺一些细土，调配在一起，就是很好的栽培基质。肥料的来源更是很多，破粒的黄豆、花生放在瓶子里，灌上水、盖上盖，让其发酵后就是很好的肥料。淘米水、泡豆水等也可以用来浇菜，有利于蔬菜成长。

4. 因为是在自家的阳台上种菜，处理虫害时不想打药怎么办？

自家的阳台上种菜，由于是在封闭的环境中，种植的密度很稀，只要注意温湿度，加强养护，很少发生病虫害。如发生了病虫害，当害虫很少、病害较轻时，可以用手捉虫、用水洗掉害虫，摘除病叶。如病虫害较为严重，最好是处理掉病虫害植株，从新开始栽培。

疑问解答

5. 听说种菜的容器排水孔很重要，那么如何做好排水孔的设计？一浇水就漏水怎样控制？

种过花的人都知道，有时花不是旱死的，而是浇死的。阳台盆栽蔬菜容器排水孔很重要，小型容器有一两个排水孔即可。大型容器要适量增加排水孔的数量，并且排水孔位置要分布均匀。为防止浇水过量从排水孔漏水，可在容器下部放置接水的托盘。

6. 哪种蔬菜放在哪个位置，有讲究吗？（因为阳台的空间不大，所以蔬菜难免分层置放，那么哪种蔬菜应该放在底层，哪种放在顶层？）

阳台的空间不大，蔬菜摆放位置有些讲究。喜光的应放在靠窗的位置或层架的上层。夏季栽培喜凉的蔬菜白天应放在阳台后侧，避免光晒；晚上放在阳台靠窗处，此处通风、凉爽。冬季栽培喜温的蔬菜，白天放在阳台靠窗处，此处光照充足；晚上放在阳台后侧，较为避风保温。

7. 都市上班族共同面临的问题——如果工作很忙和出差的时段，家里的小蔬菜应该怎样照顾？

都市上班族很忙，可将栽培的容器放在一个装有水的盆子中，盆中放有少半盆水。出门前将水浇透，几天后当容器中土壤缺水时，由于毛细作用，水会顺排水孔吸到容器土壤中。

8. 家有小孩，孩子难免乱摸乱碰，有哪些蔬菜的叶茎容易造成孩子的皮肤过敏？

蔬菜对于健康儿童少有皮肤过敏现象。对于特殊过敏体的儿童，如花粉过敏儿童，应对瓜果类蔬菜开花时加以注意。儿童皮肤娇嫩，瓜类蔬菜的藤蔓、瓜叶有毛刺，不要让孩子乱摸乱碰。

苜蓿芽	100	12	91.7	4.6	0.5	0.9	1.0	0.5	–	–	0.02	0.06	–	12.3	0.42	35	11.9	25.5	16.8	6.9	0.33	0.52	110	0.45
菠菜	89	24	91.2	2.6	0.3	1.7	4.5	1.4	2920	–	0.04	0.11	0.6	32	1.74	311	85.2	66	58	2.9	0.66	0.85	45	0.97
芹菜	100	14	94.2	0.8	0.1	1.4	3.9	1.0	60	–	0.01	0.08	0.4	12	2.21	154	73.8	48	10	0.8	0.17	0.46	50	0.47
结球生菜	95	14	95.5	1.0	0.1	0.6	2.8	0.6	250	–	0.02	0.02	0.5	4	0.19	212	36.5	23	19	0.9	0.19	0.33	48	0.54
空心菜	90	20	92.9	2.2	0.3	1.4	3.6	1.0	1520	–	0.03	0.08	0.8	25	1.1	243	94.3	99	29	2.3	0.67	0.39	38	1.20
苋菜	90	31	88.8	2.8	0.4	1.8	5.9	2.1	1490	–	0.03	0.10	0.6	30	1.54	340	42.3	178	38	2.9	0.35	0.70	63	0.09
叶甜菜	93	14	95.1	1.7	0.3	1.0	2.1	0.8	380	–	0.01	0.10	0.4	23	–	222	260	70	20	1.0	0.50	1.35	41	0.64
茼蒿	100	21	93	1.9	0.3	1.2	3.9	0.9	1510	–	0.04	0.09	0.6	18	0.92	220	161.3	73	202	2.5	0.28	0.35	360.60	–
番杏	100	21	92	2.29	0.2	2.06	2.8	0.8	2600	421	0.04	0.13	0.5	46.4	1.65	221	28	97	44.4	1.44	0.55	0.33	36.6	1.27
紫背天葵	95	24	92.61	2.11	0.18	0.94	2.49	1.2	2794	–	0.08	0.12	–	23.9	–	136.4	52.1	152.9	65	1.61	0.36	0.60	18.7	0.82
小油菜	95	11	96	1.3	0.2	0.7	1.6	0.9	1460	–	0.01	0.08	0.01	7	0.76	157	53.0	153	27	3.9	0.13	0.87	41	0.01
油麦菜	95	18	94.2	1.4	0.2	1.0	3.6	0.6	880	–	0.06	0.10	0.4	13	0.58	148	39.1	34	19	1.5	0.26	0.51	26	0.78
木耳菜	76	20	92.8	1.6	0.3	1.5	4.3	1.0	2020	–	0.06	0.06	0.6	34	1.66	140	47.2	166	62	3.2	0.43	0.32	42	2.60
珍珠菜	90	122	82.3	3.1	7	26.0	–	–	3790	–	–	–	–	19	–	495	0.7	155	63	5.5	085	0.74	35	–
菊花脑	95	11	92	2.79	0.3	1.98	2.85	–	872	–	–	–	–	17.1	–	419	1	131	62.9	4.46	0.38	0.61	56.9	2.38

蒲公英	96	49	84	4.8	1.1	2.1	7.0	3.1	7350	–	0.03	0.39	1.9	47	0.02	327	76.0	216	54	4.0	0.58	0.35	93	–
马齿苋	100	27	92	2.3	0.3	0.7	3.9	1.3	2230	–	0.03	0.11	0.7	23	–	–	–	85	–	1.5	–	–	56	–
马兰头	100	25	91.4	2.4	0.4	1.6	4.6	1.2	2040	–	0.06	0.13	0.8	26	0.72	285	15.2	67	14	2.4	0.44	0.87	38	0.75
土人参	95	45	92.6	1.6	2.2	2.9	5.7	1.2	3590	–	–	–	–	8.7	–	172	17.4	61.6	84.1	4.22	–	0.33	2.75	–
大叶枸杞	49	44	87.8	5.6	1.1	1.6	4.5	1.0	3550	–	0.08	0.32	1.3	58	2.99	170	29.8	36	74	2.4	0.37	0.21	32	0.35
芫荽	81	3.1	90.5	1.8	0.4	1.2	6.2	1.1	193	–	0.04	0.14	2.2	48	0.80	272	48.5	101	33	2.9	0.28	0.45	49	0.53
薄荷	–	–	–	6.80	3.90	3.49	67.6	–	–	–	0.02	0.35	1.3	55	–	135	17.5	–	–	4.30	5.15	1.64	22	–
紫苏	100	–	92	3.84	1.3	3.49	1.26	1.0	7940	–	0.02	0.35	1.3	55	–	522	4.24	217	70.4	5.7	1.25	1.21	65.6	3.24
茴香	90	24	91.2	2.5	0.4	1.6	4.2	1.7	2410	–	0.06	0.09	0.8	26	0.94	149	186.3	154	46	1.2	0.31	0.73	23	0.77
莳萝	95	20	87.6	1.1	0.1	–	2.6	–	2230	–	–	–	–	12.4	–	655	77.2	70.8	31.1	0.88	0.14	0.37	70.9	–
藿香	95	28	72	8.6	1.7	–	10	–	6380	–	0.1	0.38	1.2	23	–	–	–	580	–	28.5	–	–	104	–
罗勒	100	18	88.4	3.8	–	3.9	4.6	–	2460	–	–	–	–	5	0	576	5.7	285	106	4.4	0.68	0.52	65	–
水果黄瓜	92	15	95.8	0.8	0.2	0.5	2.9	0.3	90	–	0.02	0.03	0.2	9	0.49	102	2.9	24	15	0.5	0.06	0.18	24	0.38
小南瓜	85	22	93.5	0.7	0.1	0.8	5.3	0.4	890	–	0.03	0.04	0.4	8	0.36	145	0.8	16	8	0.4	0.08	0.14	24	0.46
苦瓜	85	19	94.3	1.0	0.1	1.4	4.9	0.6	100	–	0.03	0.03	0.4	56	0.85	256	2.5	14	18	0.7	0.16	0.36	35	0.36

樱桃番茄	97	–	94.4	2.0	0.6	0.8	2.6	1.3	1149	–	0.03	0.02	0.6	19	0.57	163	5.0	10	9	0.4	–	0.13	23	0.15
鸡蛋茄	93	21	93.4	1.1	0.2	1.3	4.9	0.4	50	–	0.02	0.04	0.6	5	1.13	142	5.4	24	13	0.5	0.13	0.23	23	0.48
香艳茄	92	–	94.12	1.9	0.06	0.37	3.1	–	900	–	0.25	0.27	–	9.3	–	159.3	–	14.6	11.2	0.65	0.39	–	16.9	–
五彩椒	80	32	88.8	1.3	0.4	3.2	8.9	0.6	1390	–	0.03	0.06	0.8	144	0.44	222	2.6	37	16	1.4	0.18	0.30	95	1.90
酸浆	95	–	91.5	–	–	–	–	–	220	–	–	–	–	26	0.22	190	–	–	11.2	0.63	0.12	0.24	45.6	–
草莓	97	30	91.3	1.0	0.2	1.1	7.1	0.4	30	–	0.02	0.03	0.3	47	0.71	131	4.2	18	12	1.8	0.49	0.14	27	0.70
韭菜	90	26	91.8	2.4	0.4	1.4	4.6	0.8	1410	–	0.02	0.09	0.8	24	0.96	247	8.1	42	25	1.6	0.43	0.43	38	1.38
韭黄	96	22	93.2	2.3	0.2	1.2	3.9	0.4	260	–	0.03	0.05	0.7	15	0.34	192	69	25	12	1.7	0.17	0.33	48	0.76
细香葱	96	39	89.2	2.5	0.3	1.1	7.2	–	460	–	0.04	–	0.5	14	–	–	–	54	–	2.2	–	–	61	–
软化姜芽	90	19	94.5	0.7	0.6	0.9	3.7	0.5	–	–	–	0.01	0.3	2	–	160	1.9	9	24	0.8	3.83	0.17	11	0.10
蒜苗	82	37	89.9	2.1	0.4	1.8	8.0	0.6	280	–	0.11	0.08	0.5	35	0.81	226	5.1	29	18	1.4	0.17	0.46	44	1.24
芥蓝	78	19	93.2	2.8	0.4	1.6	2.6	1.0	3450	–	0.02	0.09	1.0	76	0.96	104	50.5	128	18	2.0	0.53	1.30	50	0.88
羽衣甘蓝	94	34	87.3	4.88	0.40	2.99	2.14	–	2460	–	0.16	0.26	–	153.6	–	356	31.3	256	53.4	2.70	0.48	0.46	92.1	3.75
樱桃萝卜	66	19	93.9	1.1	0.2	1.0	4.2	0.6	20	–	0.02	0.04	0.4	22	0.78	286	33.5	32	17	0.4	0.09	0.21	21	0.65
贝贝胡萝卜	97	43	87.4	1.4	0.2	1.3	10.2	0.8	4010	–	0.04	0.04	0.2	16	–	193	25.1	32	7	0.5	0.07	0.14	16	2.80

每 100 克蔬菜含营养物质成分表

	食部（%）	能量（Kcal）	水分（g）	蛋白质（g）	脂肪（g）	膳食纤维（g）	碳水化合物（g）	灰分（g）	胡萝卜素（μg）	视黄醇当量（μg）	维生素 B_1（mg）	维生素 B_2（mg）	尼克酸（mg）	维生素 C（mg）	维生素 E（mg）	钾（mg）	钠（mg）	钙（mg）	镁（mg）	铁（mg）	锰（mg）	锌（mg）	磷（mg）	硒（mg）
豌豆苗	98	31.0	91.9	4.5	0.7	1.2	1.6	0.4	262	51	0.12	0.33	1.1	12.0	1.45	161	8.5	2.8	4.1	3.9	0.13	0.39	13	0.70
蚕豆苗	97	36.0	89.9	5.5	0.8	1.1	1.9	0.5	297	55	0.15	0.43	0.84	14.0	1.6	181	9.5	2.9	4.7	4.9	0.16	0.34	12	0.80
萝卜苗	100	26.0	92.9	2.5	0.5	0.9	2.8	0.4	356	90	0.10	0.11	0.1	12.3	0.83	84	10.3	10.0	14.8	6.2	0.31	0.32	21	0.69
香椿芽苗	100	26.0	91.1	4.3	0.7	1.2	2.0	0.7	255	93	0.08	0.06	0.6	28.2	0.60	126	20.4	21.5	23.3	1.9	0.23	0.28	98	0.30
荞麦苗	100	23.0	93.6	1.7	0.6	0.9	28	0.4	674	68	0.16	0.14	2.2	10.2	0.37	41	10.4	2.2	15.4	1.5	0.40	0.11	197	1.45
向日葵苗	96	23.0	93.6	2.5	0.7	1.2	1.7	0.5	191	59	0.26	0.32	1.8	8.3	0.66	67	4.8	1.6	18.8	–	0.19	0.25	138	1.1
空心菜苗	96	21.0	93.8	2.1	0.6	1.2	1.8	0.5	117	69	0.08	0.07	0.6	8.2	0.38	196	10.4	4.5	15.1	5.7	0.36	0.24	31	0.8
小麦苗	95	–	87.5	4.1	0.6	–	–	0.6	113	22	0.10	0.48	–	21.9	0.75	187	18.9	1.7	6.5	–	0.26	–	–	–
绿豆芽	100	18	94.6	2.1	0.1	0.8	2.9	0.3	20	–	0.05	0.06	0.5	6	0.19	68	4.4	9	18	0.6	0.10	0.35	37	0.50
黄豆芽	100	44	88.8	4.5	1.6	1.5	4.5	0.6	30	–	0.04	0.07	0.6	8	0.80	160	7.2	21	21	0.9	0.34	0.54	74	0.96
黑豆芽	95	43.8	88.6	6.2	1.2	1.1	2.2	0.7	143	58	0.08	0.02	0.95	9.2	0.65	235	18.6	1.6	12.4	3.9	0.24	0.39	16	0.90
红豆芽	100	23.0	91.4	4.5	0.3	2.1	2.1	0.6	198	67	0.04	0.11	–	18.5	1.31	289	–	1.2	9.7	1.0	0.20	0.26	112	0.61